e Reise

Janna Wurdig ist Expertin für Agilität, Teamentwicklung und moderne Arbeitsweisen im digitalen Wandel. Als Agile Coach und Senior Consultant für Future Work bei der esentri AG arbeitet sie gemeinsam mit ihren Kund*innen an Haltung, Fähigkeiten, Werkzeugen und Strukturen, die eine agile, nachhaltige und wertstiftende (Zusammen-)Arbeit ermöglichen. Mit viel Leidenschaft unterstützt sie mutige Entscheidungen, Entwicklung und neues Denken. Hierbei setzt sie auf gemeinsames Wachstum und Potenzialentfaltung. Erfahre mehr: *www.deine-agile-reise.de/ueber-mich*

Janna Wurdig

Deine agile Reise

99 Tage Selbstreflexion für dich als Agile Coach!

dpunkt.verlag

Janna Wurdig
janna@deine-agile-reise.de

Lektorat: Melanie Andrisek
Lektoratsassistenz: Julia Griebel
Copy-Editing: Claudia Lötschert, *www.richtiger-text.de*
Satz: inpunkt[w]o, Haiger, *www.inpunktwo.de*
Herstellung: Stefanie Weidner, Frank Heidt
Illustration: Stefanie Schönig, *studioschoenig.de*
Umschlaggestaltung: Stefanie Schönig, Eva Heppner, Silke Braun
Druck und Bindung: mediaprint solutions GmbH, 33100 Paderborn

Bibliografische Information der Deutschen Nationalbibliothek
Die Deutsche Nationalbibliothek verzeichnet diese Publikation in der Deutschen Nationalbibliografie; detaillierte bibliografische Daten sind im Internet über *http://dnb.d-nb.de* abrufbar.

ISBN:
Print 978-3-86490-975-7
PDF 978-3-98890-058-6
ePub 978-3-98890-059-3
mobi 978-3-98890-060-9

1. Auflage 2023

Wieblinger Weg 17
69123 Heidelberg

Hinweis:
Dieses Buch wurde mit mineralölfreien Farben auf PEFC-zertifiziertem Papier aus nachhaltiger Waldwirtschaft gedruckt. Der Umwelt zuliebe verzichten wir zusätzlich auf die Einschweißfolie. Hergestellt in Deutschland.

PEFC-zertifiziert
Dieses Buch stammt aus nachhaltig bewirtschafteten Wäldern und kontrollierten Quellen
PEFC/04-31-0810 www.pefc.de

Schreiben Sie uns:
Falls Sie Anregungen, Wünsche und Kommentare haben, lassen Sie es uns wissen: *hallo@dpunkt.de*.

5 4 3 2 1 0

INHALTSVERZEICHNIS

DIE AGILE REISE VON

....

DANKSAGUNG

Für all die großartigen Menschen, die die Arbeitswelt zu einem noch moderneren Ort machen, die Inspiration, Leidenschaft, Teamgeist und Erfüllung in die Welt und unsere Gesellschaft tragen!

Danke! Danke dafür, dass es euch gibt und ihr so motiviert dranbleibt!

„NUR WER SICH AUF DEN WEG MACHT, WIRD NEUES LAND ENTDECKEN!“

HUGO VON HOFMANNSTHAL

SCHÖN, DASS DU DA BIST!

Ich bin Janna!

Wir werden in den nächsten Tagen und Wochen viel Zeit miteinander verbringen, deshalb stelle ich mich kurz vor, damit du weißt, wer deine Reisebegleiterin für diese spannende Zeit ist und warum mir die Agile Reise so am Herzen liegt.

Ich liebe das Reisen und bin ein neugieriger Mensch. Ich konnte einfach nicht widerstehen, den mystischen Vokabeln Scrum, Refinement, Retrospektive, Sprints und Scrum Master auf die Spur zu kommen, die uns unser Professor damals in der Vorlesung »Java-Programmierung« vorstellte. Ich stellte mir die Frage, wie das wohl in der freien Wirtschaft aussieht?! So landete ich noch während meines Studiums in der IT-Branche. Ich war sofort fasziniert von den Arbeitsweisen, die den Menschen in den Fokus setzen, Selbstständigkeit und Verantwortungsbewusstsein sowie persönliche und teambasierte Entfaltung förderten, um Wertschöpfung für Kund*innen, Unternehmen und unsere Gesellschaft zu generieren. Ich entdeckte so meine Leidenschaft, Menschen und Organisationen auf ihrem Weg zu neuen Formen der Arbeit zu unterstützen, und bin seitdem Komplizin von agilen Veränderungen. Zurzeit arbeite ich als Agile Coach und Senior Consultant bei der esentri AG. Gemeinsam mit meinen Kolleg*innen verfolgen wir im Geschäftskreis Future Work das Ziel, Menschen, Teams und Organisationen zu entwickeln, sodass sie die Transformation aktiv mitgestalten. Für eine menschenzentrierte, digitale und nachhaltige Zukunft!

Ich arbeite mit meinen Kund*innen an Haltung, Fähigkeiten, Werkzeugen und Strukturen, die eine agile und wertstiftende (Zusammen-)Arbeit im digitalen Wandel ermöglichen. Hierbei setze ich auf gemeinsames Wachstum. Deshalb gebe ich gerne meine Leidenschaft für lebenslanges Lernen, Persönlichkeits- und Teamentwicklung sowie die Fokussierung auf den Menschen in meiner täglichen Arbeit weiter. Mit vielen neuen Impulsen und Inspiration sowie einer systemischen Sicht auf die Dinge unterstütze ich mutige Entscheidungen, Entwicklung, neues Denken, entfessle positive Kräfte und generiere so Vorsprung.

Dabei fing ich früh an, regelmäßig über mein eigenes Handeln zu reflektieren. Denn die Rolle Agile Coach fand ich schon immer sehr verantwortungsvoll. Auch verlangt sie von den Menschen in Transformationsprozessen ein hohes Reflexionsvermögen. Wieso also nicht sich selbst reflektieren? So stellte ich mir häufige Fragen wie:

- Wer bin ich als Agile Coach?
- Lebe ich die agilen Werte und Prinzipien selbst?
- Lebe ich selbst, was ich in der modernen Arbeitswelt sehen möchte?

Ich will Vorbild sein und das Agile nicht nur lehren, sondern auch wirklich verkörpern und dabei meine Arbeitsweise regelmäßig auf den Prüfstand stellen; ganz dem Motto »Inspect and Adapt«. Denn jedes Change-Vorhaben ist anders, und den einen Plan gibt es dabei nicht. Jedoch kann aus jeder Situation für die Zukunft gelernt werden!

Doch was hat das alles mit diesem Buch zu tun?

All die Gedankengänge und meine unstillbare Lust, meine Lieblingsthemen Agilität, systemisches Coaching und Persönlichkeitsentwicklung zu kombinieren, hat mich dazu veranlasst, dieses Arbeitsbuch zu erstellen. Hierbei haben mich viele meiner Schulungen, Trainings, Bücher und Onlineseminare inspiriert. Aber vor allem meine zweijährige systemische Coaching-, Team- und Organisationsentwicklungsausbildung am isb in Wiesloch! Während dieser Zeit durfte ich so unglaublich viel lernen und selbst auf die Reise gehen. Zudem hat mich mein Weg in den Austausch mit vielen Expert*innen, Coaches und Mentor*innen gebracht, die mich ermutigt haben, die Idee für dieses Arbeitsbuch umzusetzen.

Auch Studien belegen, dass Menschen, die sich selbst reflektieren, große Vorteile haben. Beispielsweise planen sie besser, sind disziplinierter und fokussierter. Außerdem können sie gezielter mit Emotionen umgehen. Sie treffen eher überlegte Entscheidungen und antizipieren besser Herausforderungen und Probleme [1]. Für mich ist Selbstreflexion eine Voraussetzung für persönliches Wachstum. Wie wollen wir denn wachsen, wenn wir uns selbst nicht verstehen? Genau deshalb gibt es nun dieses Arbeitsbuch für die agile Welt, sodass noch viele weitere Agile Coaches großartige Erkenntnisse für ihr Persönlichkeitswachstum sammeln können!

Das reicht auch schon für ein erstes Kennenlernen, du wirst im Laufe dieser Reise noch mehr über mich und meine Arbeit erfahren.

Ich wünsche dir viel Spaß mit dem Arbeitsbuch!

Deine Janna

Bist du neugierig auf mich und meine Arbeit?
Dann scanne
den QR-Code oder besuche die folgende Website,
um dir einen Eindruck davon zu verschaffen:

https://deine-agile-reise.de

DEINE AGILE REISE

Schön, dass du die Agile Reise gefunden hast! Ich kann es noch gar nicht fassen, dass du jetzt gerade dieses wundervolle Arbeitsbuch in deinen Händen hältst und ich dich begleiten darf. Vielleicht arbeitest du schon recht lange als Agile Coach. Vielleicht fühlst du dich völlig sicher und möchtest einfach ein paar neue Impulse und Ideen für deine Arbeit. Vielleicht möchtest du auch mehr Sicherheit bekommen, wie du in deiner Rolle noch mehr Wirkung entfalten kannst, sodass Organisationen agil und werteorientiert Ergebnisse liefern. Vielleicht interessierst du dich auch einfach für meine Arbeit. Egal, aus welchem Grund du gerade dieses Arbeitsbuch in deinen Händen hältst: Ich freue mich sehr, gemeinsam mit dir auf diese Agile Reise zu gehen. Denn jede*r Coach ist anders und verfügt über gewisse Stärken und Schwerpunkte. Genau aus diesem Grund finden wir heraus, was für dich persönlich wirklich zählt und wie du noch mehr Wirkung in der Arbeitswelt entfalten kannst!

Der Begriff *Agile Coach* ist nicht geschützt. Auch gibt es keine allgemein anerkannte Zertifizierung. So kann sich jede*r Agile Coach nennen. Das ist auch ein Grund dafür, dass es große individuelle Unterschiede zwischen Agile Coaches gibt. So gibt es Coaches, die lieber mit Teams arbeiten, und andere wiederum lieber mit Führungskräften. Eine andere Agile Coach wiederum ist gut darin, agile Organisationen aufzubauen und Transformationen zu begleiten, während die Stärken eines anderen Coaches im Verändern von Haltung und Verhalten liegen [2]. Mit der Agilen Reise werden wir dein eigenes Coaching-Profil herausarbeiten. Dieses Arbeitsbuch hilft dir dabei, dir deiner Qualitäten und Neigungen, Werte und Sehnsüchte, Visionen und Arbeitsweisen bewusst zu werden. Und am Ende wirst du eine klare Vorstellung davon haben, wer du als Agile Coach bist und was für dich wirklich wichtig ist. Denn weshalb solltest du dich nicht klar positionieren und genau auf die Dinge fokussieren, die dir viel bedeuten und bei denen du dein volles Potenzial einbringen kannst? Deshalb trau dich und fang an, deine Agile Reise so zu gestalten, wie sie zu dir passt!

Diese Reise ist eine Persönlichkeitsentwicklungsreise in Buchform. Je engagierter du mit diesem Arbeitsbuch arbeitest, desto mehr wird es auf deine persönliche Entwicklung einzahlen. Denn Hand aufs Herz! Gute, agile Fachbücher, Schulungen und Guidelines gibt es mittlerweile genug. Wie wertvoll wäre es jedoch, wenn wir einfach bei uns selbst anfangen? Ich verspreche dir, nach diesem Selbstcoaching wirst du neue Fähigkeiten besitzen, einen besseren Umgang mit unterschiedlichen Situationen haben, deine Stärken erkennen und eine gewisse Resilienz aufweisen, offener für Neues sein, deine Problemlösungskompetenz ausbauen und dich selbst besser kennen. Auch wirst du auf dieser Reise Kräfte und Potenziale entdecken, von denen du vorher nichts geahnt hast. Dafür ist es auch wichtig, nicht nur das, was bereits da ist, zu sehen, sondern auch Wachstumsmöglichkeiten und Lernfelder zu erkennen.

Vielleicht fragst du dich jetzt auch, was dich alles auf der Reise erwartet? Ich habe deine Agile Reise in vier Teile gegliedert: die vier Reisestationen.

* Reisestation 1: Dein Kompass für agiles Arbeiten
* Reisestation 2: Dein Reiseabenteuer zur Selbstorganisation
* Reisestation 3: Deine Reise zur eigenen Identität als Agile Coach
* Reisestation 4: Agile Teams aufbauen

Zudem gibt es noch eine Transfer-Reisestation als Zusammenfassung deiner persönlichen Lernerfolge.

Innerhalb der einzelnen Reisestationen wirst du unterschiedliche Übungen zum Reflektieren finden. Denn dieses Arbeitsbuch ist kein agiles Fachbuch. Es wird auch nicht in Tiefe erklären, was Agilität, Agile Coaching oder die einzelnen Fachbegriffe bedeuten.

Wenn du mehr darüber erfahren willst, wie agile Vorgehensweisen funktionieren oder wie du ein Team durch einen agilen Lebenszyklus begleitest, dann kann ich dir das Buch »Agiles Coaching« von Davies und Sedley empfehlen:

https://tinyurl.com/Praxisbuch-Agile-Coaching

Deine Agile Reise ist eine Sammlung persönlicher Erfahrungen, die ich an der einen oder anderen Stelle mit wissenschaftlichen Ansätzen untermauern werde, zum Beispiel mit der Systemtheorie. Jedoch ist das Arbeitsbuch vielmehr dein persönlicher Coach. Denn dir werden die richtigen Fragen zur richtigen Zeit gestellt, neue Impulse und Techniken für deinen Arbeitsalltag zur Verfügung gestellt, sodass du mit diesem Selbstcoaching persönlich weiter wachsen kannst. Wenn du all die Übungen mitmachst, wirst du am Ende stolz zurückblicken. Denn während dieser Reise wirst du von Reisestation zu Reisestation Neues entdecken.

Mir ist es auch wichtig, dass dir dieses Buch viel Inspiration für deinen Berufsalltag mitgibt. Deshalb wirst du viele Übungen finden, die ich oft selbst bei meiner täglichen Arbeit nutze, aber auch kleine Beispiele und Hinweise aus meiner täglichen Arbeit. Probiere die Sachen gerne selbst bei deiner Arbeit und innerhalb von Teams aus. Geht gemeinsam auf die Reise!

Um dich bestmöglich zu begleiten, stützt sich das Buch hierbei auf viele Erfahrungswerte, systemische Team- und Organisationsentwicklungs-Vorgehensweisen sowie agile Prinzipien und Werten. Du wirst sehen, in kurzer Zeit erlangst du geballtes Wissen und ein tiefes Verständnis für dich als Person und deine Wirkung. Auf dem Weg wirst du viele Reflexionsfragen, Methoden, Strategien, Techniken und Tools finden, die mir selbst geholfen haben, herauszufinden, wer ich wirklich als Coach bin, wofür ich jeden Tag gerne aufstehe, was meine tiefsten Wünsche sind und wie ich Wirkung entfalte.

Du solltest noch wissen, wie wichtig die Reise ist, auf der du dich befindest, denn selbst auf Entdeckung zu gehen und deine eigene Coaching-Haltung zu erarbeiten, ist etwas sehr Wertvolles. Ich möchte dir hier Mut zusprechen, ehrlich mit dir selbst zu sein! Du wirst überrascht sein, wie viele Aha-Momente du haben wirst.

Auch möchte ich dich ermutigen, dieses Arbeitsbuch nicht nur einmal durchzuarbeiten, denn die Agile Reise kann dir dabei helfen, immer wieder zu überprüfen, wo du gerade stehst. Du wirst sehen, es hilft dir dabei, sicherzustellen, dass du in die für dich richtige Richtung läufst und immer wieder neue Erkenntnisse gewinnst. Gewöhn dir also an, immer wieder über dich und deine Rolle nachzudenken. Ganz nach dem Motto »Sei du selbst die Veränderung, die du dir wünschst für diese Welt« – Mahatma Gandhi.

PS: Im nächsten Kapitel »Dein Reiseplan« findest du Tipps, wie du genau mit diesem Arbeitsbuch arbeiten kannst.

WIE FUNKTIONIERT DIESES ARBEITSBUCH? DEIN REISEPLAN

Damit deine Reisevorbereitung und die Reise selbst nicht in Stress ausarten, habe ich für dich einen kleinen Reiseplan zusammengestellt. Dieser hilft dir, in Gedanken einmal durchzugehen und herauszufinden, was auf dich zukommt, was noch zu tun und zu bedenken ist, sodass du gut mit dem Mitmachteil der Agilen Reise starten kannst.

Stell dir vor, dass dieses Arbeitsbuch dein persönlicher Reiseführer ist. Er wird dich 99 Tage lang begleiten, denn solange wird deine Agile Reise gehen. Vielleicht magst du auch eine 99-Tage-Challenge daraus machen. Diese 99 Tage teilen sich in vier Reisestationen auf. Jede Station hat einen bestimmten Fokus. Du kannst die Aufgaben Schritt für Schritt und Station für Station durcharbeiten. Oder nach Lust und Laune zwischen den Stationen und Übungen hin und her springen. Eines ist nur wichtig: Vertraue deiner Reise! Sei also mutig und bringe auch die Übungen zu Ende, die im ersten Moment vielleicht etwas schwerer wirken. Denn hier steckt oft das größte Potenzial!

DEINE REISESTATIONEN UND LERNZIELE

DEINE LERNZIELE FÜR DIE REISESTATION 1 »DEIN KOMPASS FÜR AGILES ARBEITEN«

Deine Lernziele der ersten Reisestation »Dein Kompass für agiles Arbeiten« sind, dass du dir genau bewusst machst, was du mit Agilität verbindest und was es für dich bedeutet. Wir machen eine Art Bestandsaufnahme zum Thema Agilität, zu deiner Arbeitsweise und zu deiner Haltung. So kannst du neue Lernfelder und Potenziale entdecken, die du künftig in deine Arbeit einfließen lassen kannst. Nachdem du die erste Reisestation durchgearbeitet hast, kannst du Antworten auf folgende Fragen geben:

- Wo stehst du gerade in Bezug auf das Thema Agilität?
- Warum und wofür ist dir das Thema so wichtig?
- Was ist deine persönliche Definition von Agilität?

- Warum und wofür sollten Organisationen/Teams agiler werden?
- Was waren deine bisherigen agilen Reiseereignisse?
- Welche Werte stecken hinter agilem Arbeiten und wie lebst du diese?
- Welche Glaubenssätze hast du eventuell in Bezug auf Agilität?
- Was willst du vielleicht noch lernen oder verändern?
- Inwieweit läufst du Gefahr, dich auf deiner Agilen Reise zu verirren?

DEINE LERNZIELE FÜR DIE REISESTATION 2 »DEIN REISEABENTEUER ZUR SELBSTORGANISATION«

Deine Lernziele für die zweite Reisestation »Dein Reiseabenteuer zur Selbstorganisation« sind, dass du dir genau bewusst machst, was Selbstorganisation und Selbststeuerung bedeuten. Damit du in Zukunft Klarheit und Orientierung hast, was du unter Selbstorganisation und -steuerung verstehst und wie du Selbstorganisation, selbstorganisierte Teams und Arbeitsweisen fördern kannst, werden wir uns in der zweiten Reisestation gezielt mit folgenden Fragestellungen beschäftigen:

- Was bedeutet Selbstorganisation für dich?
- Was bedeutet Selbstorganisation in Organisationen und Teams?
- Wie lebst du Selbstorganisation?
- Welche Ziele und Trade-offs gibt es bei Selbstorganisation?
- Wie können Teams gut selbstorganisiert arbeiten und was ist dein Beitrag dazu?
- Wieso ist Selbstorganisation in Zusammenhang mit agilem Arbeiten wichtig?
- Welche Rolle spielt Selbststeuerung?

DEINE LERNZIELE FÜR DIE REISESTATION 3 »DEINE REISE ZUR EIGENEN IDENTITÄT ALS AGILE COACH«

Innerhalb der dritten Reisestation »Deine Reise zur eigenen Identität als Agile Coach« wirst du dich gezielt mit deiner eigenen Identität beschäftigen, sodass du dich in Zukunft noch klarer positionieren kannst und Orientierung hast, wo deine Reise noch hingehen darf. Lernziele sind hierbei, dass du aufarbeitest, wie du als Agile Coach wirkst und wer du wirklich bist. Du wirst erfahren, wie du tickst und was dir in der Zusammenarbeit mit anderen Menschen wichtig ist. Zudem werden wir uns gezielt mit folgenden Fragestellungen beschäftigen:

- Welche Werte lebst du und sind dir bei deiner Arbeit wichtig?
- Welche Besonderheiten bringst du mit?

- Welche Stärken hast du?
- Wie ist deine Agile Coaching-Einstellung?
- Welche Erwartungen hast du an dich als Agile Coach?
- Welche Erwartungen haben andere an dich?
- Was willst du in der Arbeitswelt bezwecken?
- Wo stehst du gerade in Bezug auf deine Vision?
- Wie kannst du dich dorthin entwickeln?

DEINE LERNZIELE FÜR DIE REISESTATION 4 »AGILE TEAMS AUFBAUEN«

Bei der vierten Reisestation »Agile Teams aufbauen« ist dein Lernziel, dass du viele Impulse bekommst, wie du mit anderen Menschen zusammenarbeiten kannst. Auch wirst du Ideen und Tools an die Hand bekommen, wie du starke Teams entwickeln kannst. In dieser Reisestation beschäftigen wir uns mit folgenden Fragestellungen:

- Wie arbeitest du mit Menschen?
- Wie stehst du deinem Team gegenüber?
- Was verstehst du unter Zusammenarbeit?
- Wie soll sich Teamarbeit für dich anfühlen?
- Wer bist du als Teamentwickler*in?
- Wie baust du Agile Teams auf?
- Wie gestaltest du Wandel?
- Wie gibst du Feedback?
- Wie löst du Konflikte?
- Wie baust du Zustimmung auf?
- Wie räumst du Hindernisse aus dem Weg?
- Wie gestaltest du Teambuilding? Welche Tools und Methoden gibt es dafür?

Die Agile Reise schließen wir mit einem speziellen Lerntransfer ab, bei dem du all deine Erkenntnisse, Vorhaben, Lernerfolge und Aha-Momente sammeln kannst, um deine Zukunft proaktiv zu gestalten.

Du wirst innerhalb einer Reisestation verschiedene Selbstcoaching-Übungen zum Reflektieren finden. Nutze das Inhaltsverzeichnis gerne als Reiseplan, sodass du immer weißt, wie weit du mit deiner Reise bist. Gerne kannst du es auch als Checkliste verwenden. Denn dort findest du alle Stationen und Übungen pro Tag säuberlich aufgelistet.

Wie bereits gesagt, wirst du nun viele Entdeckungen machen! Behalte deshalb gerne die folgenden Fragen im Hinterkopf:

- Wie habe ich mich bei dieser Reisestation gefühlt?
- Was hat mir gefallen?
- Was war schwierig?
- Welche Erkenntnisse konnte ich gewinnen?
- Was ist jetzt gerade?
- Wie fühlt sich das jetzt an?
- Welchen Entdeckungen sollte ich noch mehr folgen?
- Was kann entstehen?
- Worauf habe ich Lust?
- Was brauche ich, um die Zukunft zu kreieren?

Mache dir gerne Post-its mit den Fragen und hänge sie dir an einen Ort, wo du sie täglich siehst, beispielsweise im Bad neben dem Spiegel.

Auch möchte ich dich warnen, dass du dich bei manchen Übungen wahrscheinlich fragen wirst, was das soll. Ich ermutige dich, dranzubleiben, auch wenn Sinn und Zweck nicht immer direkt ersichtlich sind – ganz dem Motto »Trust the Process«. Manchmal werde ich das Warum und Wofür einer Übung zu Beginn erklären, manchmal werde ich das Warum und Wofür erst erklären, nachdem du die Aufgabe erfüllt hast, damit du die sie so spontan wie möglich angehen kannst.

ERSTELLE UND BEFÜLLE DEIN LERNBACKLOG FÜR DEIN PERSÖNLICHES WACHSTUM

Wenn du die Fragen gezielt reflektierst, wirst du wahrscheinlich durch das Selbstcoaching einige Dinge identifizieren, die du in Zukunft ausprobieren willst oder bei denen du selbst für dich Wachstumspotenziale erkennst. Bei all deinem Tatendrang, deinen Ideen und Vorhaben: Setze dir realistische Ziele, die dich nicht deprimieren! Mache beispielsweise täglich kleine Experimente, die kontinuierlich auf deinen Lernerfolg einzahlen.

Bei der Organisation und dem Tracking deiner Lernziele kannst du dir einige Ideen von Scrum zunutze machen. Nicht im Sinne einer Produktentwicklung, sondern für dich persönlich – für dein persönliches Wachstum.

Nimm hierbei beispielsweise die Perspektive eines Product Owners, Scrum Masters und unterschiedlicher Teammitglieder ein. Versetze dich in die verschiedenen Rollen und stelle dir beispielsweise folgende Fragen:

* Was würde der Product Owner, Scrum Master oder ein Teammitglied sagen?
* Welche Anforderungen würden hieraus resultieren?
* Was hätte Priorität, aus welchem Grund?

Wenn wir tief in uns hineinhören, finden wir häufig mehrere Stimmen, die sich zu einer bestimmten Situation oder einem Thema zu Wort melden. Diese Stimmen werden auch das »Innere Team« genannt. Wir stoßen hierbei auf verschiedene innere Anteile, die unterschiedliche Meinungen haben und auf unsere Handlungen, Gefühle und Kommunikation Einfluss nehmen. Das Innere Team hilft uns, unterschiedliche Perspektiven zu beleuchten. Das kannst du auch auf der Agilen Reise nutzen und dir dein eigenes Scrum-Team zusammenstellen.

Du möchtest mehr über das Innere Team erfahren? Dann kann ich dir folgendes Buch empfehlen: Schulz von Thun »Das Innere Team in Aktion«.

https://tinyurl.com/das-innere-Team

Zudem kannst du dir ein Lernbacklog erstellen, in dem du all deine Ideen und Vorhaben sammelst und, wie beim Scrum-Rahmenwerk, Sprints durchläufst, die auf Ergebnisse fokussiert sind. Setze dir hierfür innerhalb eines gewissen Zeitraums Ziele, also was du erreichen willst, und plane dann diese Vorhaben, also wie du das Ziel genau erreichen wirst. Mach dir hier den PDAC-(Plan-Do-Check-Act-)Zyklus genauso zunutze wie bei der Produktentwicklung. So förderst du kontinuierliches Lernen!

TIPP

Für dein Lernbacklog kannst du beispielsweise die Tools Asana oder Trello verwenden. Falls du dein Board nicht virtuell gestalten möchtest, kannst du dir beispielsweise auch ein physisches Board mit den Spalten »Ideen«, »To-do«, »In Progress«, »Review« und »Done« mit Post-its erstellen. Das hat natürlich den schönen Effekt, dass du es immer konkret vor dir siehst.

Folgende Fragen sind bei der Befüllung deines Lernbacklogs hilfreich:

- Was wirst du als Nächstes tun, das auf deinen Lernerfolg einzahlt? Was hat Priorität?
- Warum und wofür willst du das tun? Was ist der Value?
- Wie sieht die Umsetzung aus?
- Was hast du tatsächlich umgesetzt?
- Wie ist das Ergebnis? Hat es dich weitergebracht, oder magst du noch etwas ausprobieren oder verbessern?

Schau genau hin, wen du in deinem inneren Entwicklungsteam für die Umsetzung brauchst. Welche Anteile helfen dir beispielsweise bei der Zielerreichung und deinen Vorhaben? Welche Fähigkeiten und Kompetenzen benötigst du in diesem Team? Ziehe deinen inneren Scrum Master heran, denn er*sie kennt deine persönlichen Werte und Bedürfnisse und wird dir und deinem inneren Team helfen, diese wirklich zu leben. Schau gerne auch bei all den Übungen, welche Bedürfnisse, Werte oder auch Vorhaben du entdeckt hast.

SETZE DIR SELBST EIN DAILY, WEEKLY ODER MONTHLY AN

Ich empfehle dir ein Daily, Weekly oder Monthly anzusetzen. Sodass du in regelmäßigen Abständen reflektieren kannst, wo du gerade in Bezug auf deine Lernziele stehst. Wo gibt es vielleicht gerade Impediments? Hast du dir vielleicht zu viel vorgenommen? Oder schaue einfach, was noch getan werden muss, um dein Ziel zu erreichen. Schenke dir etwas Zeit für dein persönliches Wachstum. 15 bis 30 Minuten sollten da auf jeden Fall mindestens drin sein!

Experimentiere mit den Methoden und Tools, die du bereits kennst, und beziehe diese auf dich selbst. Du wirst überrascht sein, was du dadurch alles lernen wirst.

MACH FÜR DICH SELBST MINI-RETROSPEKTIVEN

Du kannst nach jedem Sprint eine Review und eine Mini-Retrospektive mit deinem inneren Team machen. Auch kannst du dir reales Feedback von Personen einholen, die an deinem Wachstum interessiert sind. Wenn du solche Mini-Retrospektiven aufsetzt, kannst du direkt die Formate üben, die du auch in deinem Team anwenden möchtest. So testest du, wie sich diese Formate für dich anfühlen.

Ja, ich weiß, das hört sich jetzt erst mal nach viel Aufwand an. Aber wenn du genau hinschaust, wirst du sehen, dass es gar nicht so viel Zeit ist, die du in das tägliche Tun, für deine Reflexion, das weitere Planen und den Rückblick investieren musst. Und ich verspreche dir: Es lohnt sich!

Und das Allerwichtigste dabei ist: Feiere dich, deine Erfolge und alles, was bereits schon da ist, *regelmäßig*!

WAS BRAUCHT ES NOCH FÜR DIESE REISE?

ZEITMANAGEMENT

Mein persönlicher Tipp zum Zeitmanagement für das Selbstcoaching: Blockiere dir immer zu einer bestimmten Tageszeit einen Timeslot, beispielsweise 15 Minuten jeden Morgen beim Kaffeetrinken oder 15 Minuten während der Mittagspause – was auch immer passend für dich ist. Diese Zeit nenne ich gerne Me-Time. Zeit, in der du dir wirklich fokussiert und konzentriert vornimmst, die jeweilige Übung in diesem Arbeitsbuch zu machen. Solltest du einmal keine Zeit haben, die Übung zu machen, dann hole diese einfach nach. Mache dieses Buch zu deinem Reisebegleiter und nimm dir auch die Zeit, die zusätzlichen Inhalte mit den QR-Codes zu entdecken. Ich verspreche dir: Dein Einsatz wird sich lohnen. Gönn dir jede einzelne Aufgabe und freu dich auf deine Erkenntnisse, die du im Laufe des Buchs haben wirst!

BEGLEITUNG

Die Verantwortung für dieses Selbstcoaching liegt zwar vollkommen bei dir. Aber ich werde so präsent wie möglich an deiner Seite sein und dich durch Mini-Videos und weitere Inhalte auf deinem Weg begleiten. Rufe dabei einfach die QR-Codes auf, die du immer wieder im Verlauf des Buchs finden wirst.

Sehr gerne möchte ich dich auch einladen, deine Erfahrungen mit mir zu teilen. Ich bin gespannt und neugierig, wie es dir mit den Aufgaben ergeht und welche Erkenntnisse du sammelst! Kontaktiere mich gerne bei LinkedIn unter Janna Wurdig oder auf Instagram @deine_agile_reise. Ich freue mich darauf, von deinen Erlebnissen zu erfahren.

Ich wünsche dir auf jeden Fall ganz viel Spaß auf dieser spannenden Entdeckungsreise!

Du hast sicherlich schon die QR-Codes entdeckt! In einem kurzen Video zeige ich dir hier, wie du das Beste aus deiner Agilen Reise herausholen kannst.

https://deine-agile-reise.de/das-beste/

BIST DU BEREIT FÜR DEINE AGILE REISE? DEIN COMMITMENT!

Vergiss bitte nicht, dass es auf dieser Reise nicht um Selbstoptimierung geht, sondern um deine persönliche Entwicklung. Oft merken wir gar nicht, wie wir uns entwickeln, da wir uns selbst nicht von außen in diesem Prozess beobachten können. Manchmal gibt es auch Momente, in denen wir merken, dass wir uns weiterentwickelt haben. Diese sind aber eher selten oder zufällig. Es sei denn, wir machen uns genau diese Entwicklungsschritte bewusst und schreiben sie gezielt auf – all die Quintessenzen und Schätze, wo wir uns entwickelt haben. Und hierbei wird dir deine Agile Reise helfen!

Mir persönlich geht es in diesem Arbeitsbuch darum, dass du wirklich in dich gehst und für dich persönlich herausarbeitest, wer du in deinem Job bist, dein Herz öffnest und auf deinem eigenen Weg mehr und mehr in deine Schöpferkraft kommst. Ich erlebe es so oft, dass Menschen über andere Menschen urteilen im Sinne von »Wieso macht die Person das bloß?«. Es werden ganze Rucksäcke mit Urteilen herumgetragen. Oft konzentrieren wir uns zu sehr auf die anderen und nicht auf uns selbst. Das Coolste und Wertvollste ist, Folgendes zu erkennen: Dass wirklich alles, was wir tun und uns passiert, etwas mit uns selbst zu tun hat. Wir sind selbst verantwortlich für unser Handeln! Deshalb möchte ich dich ermutigen, dass du dir auch selbst Antworten gibst, denn in dem Wort Verantwortung spielt *antworten* eine große Rolle!

Zuletzt möchte ich dich noch ermutigen, mit dir selbst ein Commitment für deine Persönlichkeitsentwicklung, in Form dieser Selbstreflexion, abzuschließen und ein herzhaftes Ja zu deiner Agilen Reise zu sagen! Das Commitment wird dir helfen, dranzubleiben, da es ein Versprechen dir selbst gegenüber ist. Nutze hierfür die Commitment-Erklärungsvorlage auf der nächsten Seite:

MEIN AGILE REISE COMMITMENT:

Ich, ……………………, nehme mir vor, in den nächsten Wochen das für mich Beste aus der Agilen Reise herauszuholen. Ich werde mir regelmäßig die Zeit dafür nehmen, die Reflexionsübungen auszufüllen, und meine Erkenntnisse notieren.

Ich bin offen dafür, meine bisherigen Meinungen und Überzeugungen zu hinterfragen und neue Möglichkeiten in Betracht zu ziehen, um mich selbst und meine Art und Weise, wie ich coache, zu betrachten und weiterzuentwickeln. Hierfür hinterfrage ich gerne meine bisherigen Überzeugungen und Ansätze. Auch bin ich offen für Neues: neue Perspektiven, Lernerfahrungen und Erkenntnisse, die mir auf dem Weg begegnen.

All das tue ich, weil ich mehr über mich und meine Haltung erfahren will. Ich übernehme 100 Prozent Verantwortung für meine Ergebnisse. Dabei ist mir bewusst, dass ich in den Wochen der Agilen Reise Ablenkungen erfahren werde und es auch zu kleinen Pausen hier im Arbeitsbuch kommen kann. Wenn das so ist, dann gehe ich mitfühlend mit mir um – das Leben kommt eben immer wieder dazwischen – und mache nach meiner kleinen Pause einfach weiter.

Eigene Gedanken:

……………………………………………………

……………………………………………………

……………………………………………………

In voller Neugier, ……………………………………

Unterschrift: ……………………

Datum: ……………………

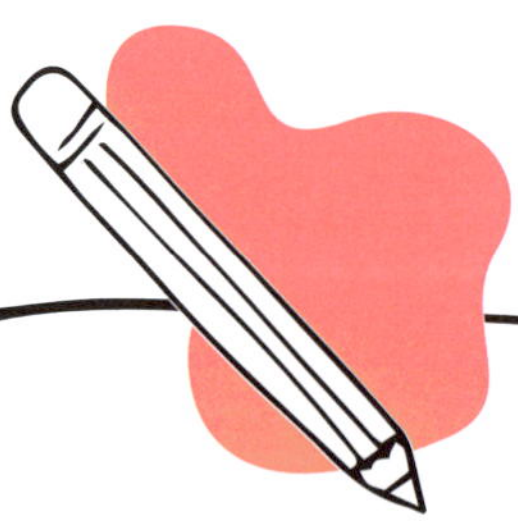

DEIN AGILE-REISE-MINDSET: FÜNF ERINNERUNGEN

Dieses Buch ist ein Geschenk. Erlaube dir, präsent zu sein und lass dich nicht von den vielen Übungen stressen. Genieße diese wundervolle Reise und mach dich locker! Sei gespannt darauf, was du alles entdecken und über dich selbst lernen wirst! Um wertvolle Entdeckungen zu machen, braucht es etwas Mut, Selbstreflexion, die Bereitschaft, dich selbst und deine Arbeitsweise zu hinterfragen, und schließlich Ideen zu Veränderungen oder Einsichten darüber, was du auf jeden Fall beibehalten oder künftig noch mehr machen willst.

Das Agile Reise Mindset gibt dir Techniken an die Hand, die dir dabei helfen, dich persönlich weiterzuentwickeln. Dazu zählen die Erkundung deiner Bedürfnisse, die Suche nach neuen Ideen und auch die Bereitschaft, Neues auszuprobieren. Das Mindset ist geprägt von Neugierde, Ausprobieren und Offenheit. Zur Erinnerung an das Agile Reise Mindset habe ich dir fünf Erinnerungssätze zusammengefasst. Diese Erinnerungen wende ich selbst für mich an. Sie richten mich innerlich auf das aus, was ich erreichen möchte und worauf ich meine Energie und Aufmerksamkeit fokussiere.

Wenn ein Satz für dich nicht passt, dann streiche diesen einfach durch, formuliere ihn für dich um oder wähle einen anderen aus.

Die fünf Sätze sind nur ein Angebot von mir an dich, die dich täglich an das Agile Reise Mindset erinnern und daran, was du persönlich mit diesem Arbeitsbuch erreichen möchtest!

FÜNF ERINNERUNGEN FÜR DEINE AGILE REISE

1. Ich bin offen für Veränderungen und akzeptiere, dass ich mich auf der Agilen Reise befinde. Es geht weniger um das Ergebnis selbst als darum, wie ich mich fühle und welche Einsichten ich sammle.

2. Ich werde jeden Tag achtsam und neugierig meine Gedanken und Bewertungen reflektieren. So kann neues Lernen stattfinden.

3. Ich erkunde, welchen Potenzialen ich in Zukunft noch mehr Beachtung schenke, und zahle so auf mein eigenes Wachstum ein.

4. Ich richte meinen Fokus auf Lösungen und Möglichkeiten. Reflektieren alleine reicht nicht, es sollten auch Aktionen folgen, um in die Transformation zu kommen.

5. Ich erlaube mir selbst, mein Coaching-Profil und meine Coaching-Haltung aufzuarbeiten. Ich coache mit Herz! Es geht darum, dass ich mich selbst kennenlerne und zeige, wer ich bin und was mich persönlich bei meiner Arbeit ausmacht.

Ich habe die fünf Erinnerungen über meinem Schreibtisch aufgehängt. Dort sehe ich sie täglich. Durch diesen kleinen Reminder reflektiere ich häufiger Situationen in meiner Rolle als Coach.

DEIN REISEBUDDY!

Du hast vielleicht schon bemerkt, dass dieses Buch kein gewöhnliches Arbeitsbuch ist. Wir werden von jetzt an daran arbeiten, dass du dich als Agile Coach noch besser kennenlernst und Potenziale, Neigungen, Talente und vieles mehr, was dir in deiner Arbeit weiterhilft, entdecken wirst.

Dabei ist es schön, Gleichgesinnte zu haben, die sich auf einer ähnlichen Reise befinden. Vielleicht magst du einem Bekannten dieses Buch schenken, damit ihr gemeinsam auf diese Reise gehen und euch gegenseitig unterstützen könnt. Oder du bittest einen guten Freund oder eine gute Freundin, dir ab und an ein offenes Ohr zu schenken, wenn du dich zu einer Aufgabe oder zu einem Thema austauschen möchtest.

Natürlich kannst du auch auf meiner Instagram-Seite @deine_agile_reise nach einem Reisebuddy suchen und dir weitere Tipps und Inspirationen holen. Du kannst das Experiment aber auch für dich allein machen. Wie es sich für dich am passendsten anfühlt!

Egal, ob mit Buddy oder allein: Du wirst viele Erkenntnisse sammeln und Neues entdecken, was dich persönlich weiterbringt!

Natürlich kannst du alle Methoden abwandeln und sie auch in deinen Teams ausprobieren. Sicherlich könnt ihr an der einen oder anderen Stelle gemeinsam neue Erkenntnisse gewinnen.

Jetzt geht's los!

Wie fühlst du dich bei dem Gedanken, dir eine gewisse Zeit nur für dich selbst zu nehmen, um auf Entdeckungsreise zu gehen und dich besser kennenzulernen?

DEIN KOMPASS FÜR AGILES ARBEITEN

1. STATION

Innerhalb deiner ersten Reisestation rege ich dich dazu an, eine Art Bestandsaufnahme zum Thema Agilität zu machen und deine Arbeitsweise, deine Haltung und dich selbst etwas genauer anzuschauen.

- Wo stehst du gerade in Bezug auf das Thema Agilität, warum und wofür ist dir das Thema so wichtig?
- Was ist deine persönliche Definition von Agilität?
- Warum und wofür sollten Organisationen/Teams agiler werden?
- Was waren deine bisherigen agilen Reiseereignisse?
- Welche Werte stecken hinter agilem Arbeiten und wie lebst du diese?
- Welche Glaubenssätze hast du eventuell in Bezug auf Agilität?
- Wo liegen deine Stärken? Was willst du vielleicht lernen oder verändern?
- Inwieweit läufst du Gefahr, dich auf deiner Agilen Reise zu verirren?

Manche der Fragen sind vielleicht etwas unangenehm, da du tief in dich gehen wirst und eventuell auch Facetten an dir und deiner Arbeitsweise entdeckst, die du nicht so schön findest. Aber wenn du Organisationen und Teams dabei unterstützen möchtest, agil und werteorientiert Ergebnisse zu liefern, ist es hilfreich, erst mal zu reflektieren, wie du selbst tickst und was deine aktuellen Sichtweisen sind – mit allen Seiten, die zu dir gehören.

»EINE REISE
VON TAUSEND MEILEN
BEGINNT MIT DEM
ERSTEN SCHRITT.«

LAOTSE

TAG 1: SUCHE EIN BILD FÜR DEINE AGILE REISE

Wähle ein Bild aus, das deine Agile Reise für dich symbolisiert, die du ab heute gehen willst. Das Bild sollte etwas mit dem Begriff Reisen zu tun haben.

Hast du ein Bild gefunden? Wunderbar!

Welche Bedeutung siehst du in deinem Bild?

Dieses Bild unterstützt dich dabei, in den kommenden Wochen am Experiment dranzubleiben und dein Ziel zu erreichen. So steht es als Motivationsbild für die kommenden Tage. Hänge es dort auf, wo du es regelmäßig siehst, oder richte es als Handyhintergrund ein.

Probiere auch mal aus, wie stark Bilder bei deiner Arbeit wirken. Mit Blick auf die Teamentwicklung kannst du zum Beispiel ausprobieren, welche Wirkung die Arbeit mit Bildern auf den Team-Spirit hat. Denn oft regen Bilder nochmals anders zur Reflexion an. In einem meiner Workshops hat ein Teammitglied mal ein Bild vom A-Team herausgesucht. Dieses Bild wurde dann symbolisch für dieses Team, und oft hat es sie daran erinnert, daran zu denken, wie das A-Team handeln oder vorgehen würde.

TAG 2: MACHE DIR ERSTE GEDANKEN ZUM THEMA AGILITÄT

Nutze diese Übung, um für dich herauszufinden, wo du gerade in Bezug auf deine Agile Reise stehst. Damit baust du einen Ausgangspunkt für dein Selbstcoaching auf. Die Agile Reise ist hier eine Metapher für deine Reise bis zum heutigen Tag: dein persönliches Wachstum, deine Karriere und die aktuellen Ziele, die du in der Arbeitswelt erreichen willst.

Wenn du mithilfe der Metapher der Reise, bei der du die*der Reisende bist, über dich nachdenkst, was würdest du sagen, ist der momentane Status quo der Reise?

Wie würdest du die aktuelle Reise beschreiben?

Welche Ziele verfolgst du?

Und wie geht es der*dem Reisenden, also dir, auf dieser Reise so?
Und wieso geht es dir so?

Beende als Zusammenfassung, ohne lange nachzudenken, den folgenden Satz:

Der Status quo meiner Agilen Reise ist …

TAG 3: STELL DIR VOR, EIN WUNDER IST PASSIERT

Stell dir nun Folgendes vor: Heute ist der Tag, an dem du die letzte Selbstcoaching-Übung deiner Agilen Reise machst. Du wachst morgens auf und du spürst, dass ein Wunder geschehen ist. Etwas grundlegend Positives hat sich ereignet. Du spürst in dich hinein:

Was war das größte Wunder deiner eigenen persönlichen Weiterentwicklung? Was war an diesem Tag grundlegend anders? Woran merkst du, dass ein Wunder geschehen ist? Was ist vielleicht konkret anders bei deiner Arbeit, an dem Tag des Wunders?

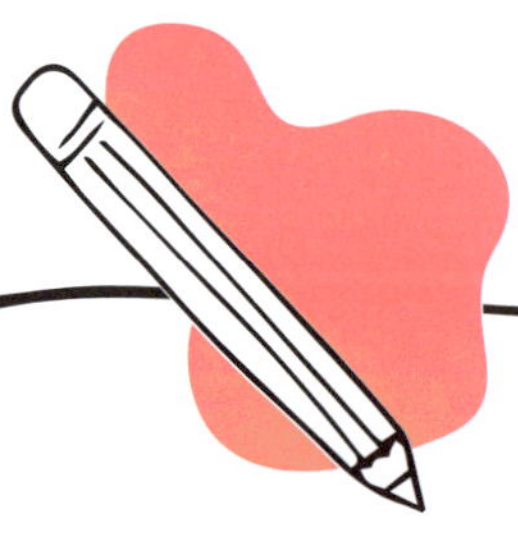

Du fragst dich jetzt vielleicht, was das mit dem Wunder soll. Die Wunderfrage ist ein Klassiker aus dem lösungsorientierten Coaching-Ansatz, um unsere Aufmerksamkeit weg vom Problem und hin zu möglichen Lösungen zu lenken. Sie kann beispielsweise dabei helfen, wenn wir bei Herausforderungen nicht mehr weiterwissen. Denn oft haben wir nur eine grobe Idee, was wir eigentlich wollen. Mit dieser Vorstellungsübung konkretisieren sich die Ziele, und man erkennt nächste Schritte, um Änderungen anzugehen [3]. Bei dieser Übung probieren wir die Wunderfrage in Bezug auf dein persönliches Wachstum mit der Agilen Reise aus. Du kannst sie auch innerhalb von Teams bei verschiedenen Fragestellungen oder Problemen ausprobieren, beispielsweise bieten Retrospektiven einen Raum, in dem du die Wunderfrage leicht einbauen kannst.

Behalte dein Wunder in Erinnerung. Denn auf deiner weiteren Agilen Reise hast du regelmäßig die Möglichkeit, bei den Zwischenstopp-Übungen zu reflektieren, ob du deinem Wunder schon ein Stückchen nähergekommen bist.

Teile dein Wunder gerne bei LinkedIn, Twitter oder in einer agilen Community. Ich bin mir sicher, dass dich dein Netzwerk bei deinem Vorhaben unterstützen wird oder einige Tipps für dich hat!

TAG 4: REFLEKTIERE DEINE BISHERIGEN REISEEREIGNISSE

Die Reiseereignisse stehen metaphorisch für Ereignisse, die deine Arbeitsweise und dich als Person in der Vergangenheit beeinflusst haben und aktuell beeinflussen – positiv wie negativ. Beispiele dafür sind Erfahrungen innerhalb von Teams, bei Coachings, Trainings oder bei agilen Transformationen.

Oft können wir Ereignisse nur bedingt beeinflussen, aber die Art und Weise, wie wir mit den Ereignissen umgehen, hat eine große Wirkung auf unsere Entwicklung. Deshalb ist es hilfreich, sich Klarheit darüber zu verschaffen, welchen Ereignissen du bereits ausgesetzt warst oder derzeit bist, damit du bestmöglich mit ihnen umgehen und aus ihnen lernen kannst.

Am Tag 29 und 35 gehen wir dann noch näher auf deine Glaubenssätze ein, die du womöglich aufgrund deiner Vergangenheit verinnerlicht hast.

An welche positiven und negativen Ereignisse, die dich und deine Arbeitsweise in der Vergangenheit signifikant beeinflusst haben, erinnerst du dich?

Welche Überzeugungen über dich selbst und über die agile Arbeitswelt hast du aufgrund dieser Ereignisse entwickelt? Überzeugungen beginnen oft mit: man sollte, ich muss, man muss, man darf nicht, ich sollte, ich bin oder wenn x, dann passiert y.

Wie wirken sich diese Überzeugungen und Ereignisse auf deine aktuelle Arbeitsweise aus? Wo sind sie dienlich? Wo sind sie eventuell hinderlich?

Welche Strategien und Taktiken hast du, um mit diesen Ereignissen klarzukommen?

Bisherige Reiseereignisse auf den Punkt gebracht: Folgende Ereignisse aus der Vergangenheit haben mich und meine Arbeitsweise am meisten beeinflusst:

TAG 5: NIMM DIE PERSPEKTIVE EINER ANDEREN PERSON EIN

Betrachte dich selbst von außen aus der Perspektive einer Person, mit der du heute zusammengearbeitet hast. Wie würde diese Person folgende Frage beantworten:

Welche drei prägenden Merkmale würde die Person nennen, die dich heute in Bezug auf deine Arbeiten ausgemacht haben?

Was würde die Person zu dir sagen, was dir heute besonders gut gelungen ist?

Was würde die Person zu dir sagen, welche allgemeinen Werte und Prinzipien dabei eine besondere Rolle gespielt haben?

Was würde die Person zu dir sagen, woran du dich in Zukunft erinnern solltest, weil es zeigt, wer du als Person bist und was dich bei der Arbeit ausmacht?

Versuche, dich wirklich in die andere Person hineinzuversetzen und die Fragen von ihrem Standpunkt aus zu reflektieren. Manchmal hilft es uns, den Blickwinkel anderer Personen einzunehmen, um uns selbst aus einer anderen Perspektive zu reflektieren und bewusst Abstand von unseren eigenen Gedanken zu nehmen. Du wirst überrascht sein, welche Erkenntnisse du durch diesen Perspektivwechsel gewinnst. Dir fällt es schwer, dich in die Person hineinzuversetzen? Inszeniere gerne die Situation, wie du gemeinsam mit der Person an einem Tisch sitzt. Schnapp dir beispielsweise ein Bild von der Person und stelle eine Tasse Kaffee oder Tee neben das Bild. Schau das Bild immer wieder an, wenn du über die Fragen nachdenkst, und versuche zu überlegen, was die Person genau sagen würde.

Was würde die Person dir sagen, wofür du heute besonders dankbar sein solltest?

Was würde die Person dir sagen, was du heute gelernt hast?

Was würde die Person dir sagen, was du heute in Bezug auf Agilität/agiles Arbeiten bewirkt hast?

Was würde die Person dir sagen, was du in Zukunft in Bezug auf agiles Arbeiten ausprobieren solltest?

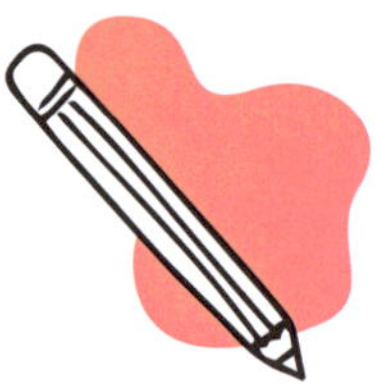

Lassen sich bei den letzten Fragen vielleicht schon Items für dein Lernbacklog ableiten? Dann nimm diese am besten gleich mit in dein Lernbacklog auf!

Du wunderst dich vielleicht, warum du auf einmal gefragt wirst, wofür du heute dankbar sein solltest. Ich möchte, dass du dich intensiv mit deinem Inneren beschäftigst. In diesem Arbeitsbuch werden wir viel darauf eingehen, welche Potenziale du hast, und in diesem Zuge auch Veränderungsvorhaben und Experimente für dich ableiten. Jedoch möchte ich auch darauf hinweisen, dass sich unsere wahren Erfolge innerlich abspielen und eigentlich nur sehr wenig mit äußeren Umständen zu tun haben [4]. Was ich meine? Oft denken wir beispielsweise, wenn wir noch die Schulung machen, dann wird alles besser, und wir werden glücklicher sein. Oder wenn ich meinen Traumjob finde, dann bin ich glücklicher. Du kennst sie sicher auch, diese Wenndann-Gedanken. Aber wie lange hat dieses vermeintliche Glück dann wirklich angehalten? Mir ist aufgefallen, dass sich bei Menschen, die häufig so denken, selten etwas wirklich verändert. Sie ändern zwar ihre äußeren Umstände, beispielsweise machen sie eine weitere Schulung oder wechseln ihren Job, aber es hat sich nichts verändert! Nach ein paar Monaten gehen sie immer noch so wie vor der Schulung vor oder sind wieder unglücklich und auf Jobsuche. Sie sind immer noch dieselben Menschen. Auch belegen zahlreiche Studien, dass äußere Umstände uns nur selten langfristig glücklicher machen [5]. Warum warten, bis etwas eintrifft, was vielleicht gar nicht so glücklich macht wie erwartet, sondern im Hier und Jetzt glücklich sein? Was könnte ich brauchen, damit es mir schon jetzt gut geht? Ganz dem japanischen Sprichwort folgend: »Es ist besser, hoffnungsvoll zu reisen, als anzukommen.« Deshalb möchte ich dich an dieser Stelle ermutigen, dass du dir bewusst Zeit nimmst, die kleinen Momente, für die du in deinem Alltag dankbar bist und die dich glücklich machen, anzuerkennen und wertzuschätzen. Dankbarkeit kann sich auf unser Wohlbefinden auswirken. So kannst du ein positives Gefühl im Alltag entwickeln – unabhängig vom Wenn und Aber. Außerdem trainierst du so Achtsamkeit im Alltag und richtest deinen Fokus auf die kleinen Erfolge.

TAG 6: SKIZZIERE DIE HISTORISCHE ENTWICKLUNG VON AGILITÄT

Hast du dir schon mal überlegt, wann Organisationen angefangen haben, über Agilität zu sprechen und agile Methoden und Prozesse zu praktizieren? Skizziere in dieser Übung die historische Entwicklung von Agilität. So kannst du anderen in deiner Rolle als Agile Coach aufzeigen, wie lange es Agilität bereits gibt. Bedenke dabei, dass deine Skizze auf ein Flipchart passen sollte.

Natürlich darfst du gerne im Internet spicken, wenn du den historischen Verlauf von Agilität nicht aus dem Kopf heraus skizzieren kannst.

TAG 7: FINDE DEIN WARUM UND WOFÜR

»Es ist doch egal, welche Rolle man innehat, wenn du weißt, warum und wofür du es machst«, sagte ich einmal zu einer Führungskraft. »Das stimmt. Und wenn du ein Warum und Wofür hast, das stark genug ist, wirst du auch mit Leichtigkeit schwierigere Situationen managen«, antwortete diese.

Oft muss ich an diese Worte denken. Gerade, wenn es mal schwieriger ist, ich am liebsten alles hinschmeißen und auf die Bahamas fliegen würde. Aus eigener Erfahrung kann ich aber auch sagen, wie hilfreich mein Warum und Wofür ist und wie es mich in anstrengenden Phasen begleitet, ermutigt und weitermachen lässt.

Veränderungsprozesse begleiten kann echt anstrengend sein. Aber der Preis, nicht meinen Herzensweg zu gehen, wäre viel höher! Was ich sagen möchte ist, dass dein Warum und Wofür deine Motivation ist. Es ist das, was dich bewegt und dich nicht aufgeben lässt, ganz gleich, welche Herausforderung du hast. Werde dir aus diesem Grund so klar wie möglich darüber, warum und wofür du Agile Coach bist.

Vielleicht hast du dich schon gefragt, was der Unterschied zwischen warum und wofür ist. Denn häufig werden die beiden Wörter im Deutschen als Synonym behandelt. Für mich fokussiert das Wofür auf einen sinnhaften Zustand in der Zukunft. Wohingegen das Warum auf einen Grund fokussiert und somit einen stärkeren Bezug auf Vergangenes hat: »Ich mache das, weil ...«. Warum-Fragen können immer mit »weil« beantwortet werden. Wofür-Fragen jedoch nicht. Es geht also bei Letzterem um Ziele.

Lass uns gemeinsam dein »Warum und Wofür« erarbeiten! Ich werde dir nun einige Fragen stellen, die dir Hinweise auf dein »Warum und Wofür« geben:

Wofür bedanken sich andere immer wieder bei dir, und du reagierst mit: War doch nicht der Rede wert?

Überdenke an dieser Stelle gerne auch, ob das, wofür sich Menschen bei dir bedanken, etwas Besonderes ist, was du vorher vielleicht gar nicht bemerkt hast, da es eine Selbstverständlichkeit für dich ist.

Was tust du gern und gut in deiner Rolle?

Wofür schlägt dein Herz in der Arbeitswelt?

Wenn du an deine Rolle denkst und die Antworten auf die oben genannten Fragen berücksichtigst: Was würdest du antworten, wenn dich jemand fragt, warum und wofür machst du das? Dein Warum und Wofür ist:

Versuche, eine kurze Erklärung zu finden wie:

»Hindernisse überwinden.«

»Tiefere Zusammenhänge entdecken.«

»Agil sein.«

»Agilität ermöglichen.«

»Das Positive erkennen.«

»Türen öffnen.«

»Die Zukunft schaffen.«

»Entwicklung fördern.«

Was auch immer es für dich ist!

Meine »Warum und Wofür« sind beispielsweise:

Gemeinsam wachsen.

Neues entdecken.

Perspektiven wecken.

Einen Unterschied machen.

Menschenzentrierung fördern.

Positive Vibes verbreiten.

Stell dir vor, jemand würde dir ab morgen verbieten, das zu tun, wofür und warum du hier bist. Was empfindest du bei diesem Gedanken? Sei so detailliert wie möglich. Verknüpfe deine negativen Emotionen bewusst damit, dein Warum und Wofür nicht leben zu können!

Stell dir nun das genaue Gegenteil vor: Ab morgen kannst du immer genau das tun, warum und wofür du hier bist. Wie fühlst du dich dann? Was erschaffst du in der agilen Welt?

TAG 8: ERARBEITE, WAS AGILITÄT FÜR DICH BEDEUTET

Ich verrate dir jetzt etwas: Ich habe täglich in meinem Job mit Menschen und dem Thema Agilität zu tun. Das Spannende daran: Jede*r versteht unter Agilität etwas anderes. Das liegt unter anderem auch daran, dass es für Agilität keine einheitliche Definition gibt. Umso mehr gilt es zu beachten, dass jede*r ihre*seine eigene Perspektive auf die Dinge hat. Sonst wäre es ja auch irgendwo langweilig. Umso wichtiger ist es jedoch, bei uns selbst anzufangen und ein Bewusstsein dafür zu schaffen, was wir persönlich unter Agilität verstehen. So bieten wir anderen und uns selbst Orientierung und können unser Warum und Wofür, das wir in der vorherigen Übung erarbeitet haben, wirklich zum Leben erwecken!

Was verstehst du unter Agilität?

Warum und wofür sollten Teams agiler werden? Sollten sie es überhaupt?

Was sind Vorteile und der Nutzen von agilen Arbeitsweisen und Strukturen innerhalb von Teams?

Was sind Vorteile von agilen Organisationen?

Wenn du wissen möchtest, was ich unter Agilität verstehe, dann scanne den QR-Code und lasse dich von meinem Kurzvideo inspirieren.

https://deine-agile-reise.de/agilitaet/

TAG 9: SPEKULIERE ÜBER DEINE HALTUNG HINTER AGILITÄT

Lass uns innerhalb der nächsten fünf Tage gemeinsam das Agile Manifesto im Detail reflektieren [6]. Denn auch wenn das Agile Manifesto einige Anpassungen vertragen könnte, weil agile Werte und Prinzipien mittlerweile auch außerhalb der Softwareentwicklung angewandt werden, ist es eine gute Diskussionsgrundlage, um herauszufinden, wie wir zusammenarbeiten wollen. Lass uns deshalb loslegen und schauen, welche Erkenntnisse du aus dieser Reflexion gewinnst!

Das ist eine Übung, die du auch super mit Teams oder Kolleg*innen reflektieren kannst!

Welche Rolle spielt das Agile Manifesto für dich? Spielt es überhaupt eine Rolle? Notiere dir, weshalb es eine oder keine Rolle für dich spielt:

Was findest du gut am Agilen Manifesto?

Wann könnte es eventuell sinnvoll sein, vom Agilen Manifesto abzuweichen?

TAG 10: GEHE DEN VIER LEITSÄTZEN DES AGILEN MANIFESTOS AUF DIE SPUR

In dieser Übung gehen wir dem Agilen Manifesto tiefer auf den Grund. Wie du sicher weißt, lauten die vier Leitsätze aus dem Agilen Manifesto [6] wie folgt:

* Individuen und Interaktionen mehr als Prozesse und Werkzeuge
* Funktionierende Software mehr als umfassende Dokumentation
* Zusammenarbeit mit dem Kunden mehr als Vertragsverhandlung
* Reagieren auf Veränderung mehr als das Befolgen eines Plans

Lass uns nun reflektieren:

Wie und wann lebst du die vier agilen Leitsätze? Suche für die vier Leitsätze eine Situation aus dem Arbeitsalltag heraus, in der du diese Leitsätze anwendest:

Was vermisst du eventuell an den vier Leitsätzen? Gibt es etwas, was du vielleicht hinzufügen würdest?

ZWISCHENSTOPP: BEFÜLLE DEIN LERNBACKLOG

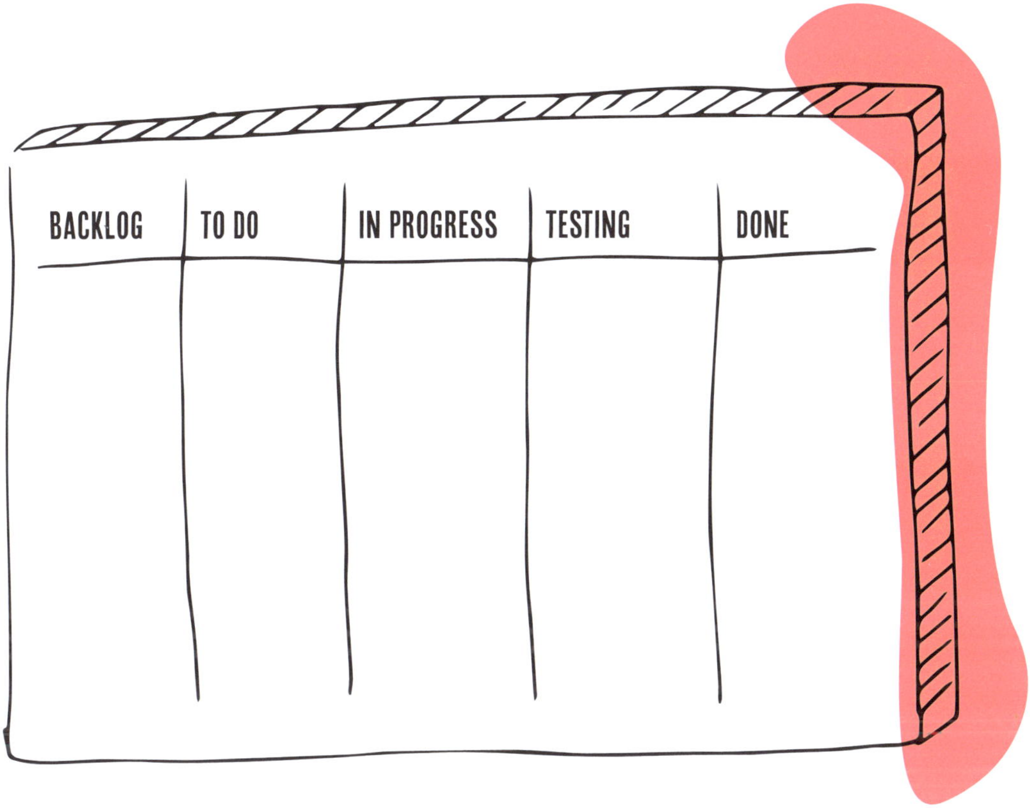

Welche neuen Impulse hast du bereits durch deine Agile Reise bekommen? Nimm dir heute bewusst Zeit, diese Fragestellung zu reflektieren.

Hast du konkrete To-dos innerhalb der ersten Tage deines Selbstcoachings für dein persönliches Wachstum identifiziert? Dann nimm diese mit in dein Lernbacklog auf. Dort kannst du sie priorisieren, weiter definieren und ordnen.

TIPP

Du hast keine Idee, wie so ein Eintrag in dein Lernbacklog aussehen kann? Dann habe ich hier eine Vorlage und ein paar Beispiele für dich:

Vorlage:

In meiner Rolle als Agile Coach veranstalte/mache ich … Zeitraum … Wachstumsmöglichkeit, damit … Nutzen.

Beispiele:

- In meiner Rolle als Agile Coach veranstalte ich im nächsten Monat einen Teamentwicklungs-Workshop, damit ich Übung und Ideen bekomme, wie ich Teamentwicklung gestalten kann.
- In meiner Rolle als Agile Coach mache ich in den nächsten 99 Tagen die Agile Reise, damit ich mich im Selbstcoaching weiterentwickle, und erstelle dabei mein Lernbacklog, sodass ich eine Übersicht habe, was ich in Zukunft für mein Wachstum noch alles tun kann.

Formuliere deine Ziele so, als ob du es wirklich machst! Denn Worte konstruieren Wirklichkeit!

Dieses Format wird dir dabei helfen, zu erkennen, welchen Nutzen es bringt, deine einzelnen Vorhaben (Ideen/Experimente) umzusetzen. Stelle dir dabei immer Fragen, die dein Verständnis schärfen, warum genau dieses Vorhaben auf dein Wachstum einzahlt. Lass dich gerne von deinem Lernbuddy challengen, vielleicht bekommst du so noch bessere Ideen und ein Verständnis dafür, was du wirklich erreichen willst und wie du es umsetzen kannst.

TAG 11: REFLEKTIERE DIE 12 PRINZIPIEN DES AGILEN MANIFESTOS – TEIL 1

Lass uns nun bei Tag 11, Tag 12 und Tag 13 gemeinsam die zwölf Prinzipien aus dem Agilen Manifesto reflektieren. Kleine Vorwarnung: Diese Übung kann etwas länger als 15 bis 30 Minuten dauern, obwohl sie bereits auf drei Tage aufgeteilt wurde. Die agilen Prinzipien sind zu grundlegend, um sie schnell zu überfliegen. Nimm dir also so viel Zeit, wie du brauchst, auch wenn du die Prinzipien nicht an einem Stück reflektierst.

Bitte schnapp dir hierfür einen Stift und schreibe hinter jedes Prinzip intuitiv, wie wertvoll du dieses auf einer Skala von 1 (gar nicht wertvoll) bis 10 (sehr wertvoll) findest. Reflektiere danach, wo du in deinem Alltag Gebrauch von diesem Prinzip machst, wo du vielleicht etwas ändern möchtest und wie du diese Veränderung innerhalb der nächsten zwei Wochen im Sinne eines Experiments testen kannst.

Über meinem Schreibtisch habe ich einen pinken Post-it kleben. Dort steht *Daily-Experiment* und *Machen* und *Fakten schaffen* drauf. Es erinnert mich daran, dass ich kleine Dinge im Alltag ausprobiere und danach reflektiere. Vielleicht hilft dir so ein kleiner Reminder auch?

1 Unsere höchste Priorität ist es, den Kunden durch frühe und kontinuierliche Auslieferung wertvoller Software zufriedenzustellen.

Woran machst du diesen Wert fest?

Wo handelst du bereits nach diesem Prinzip?

An welcher Stelle könnte dieses Prinzip zusätzlich wertvoll sein?

Was könntest du in Bezug auf dieses Prinzip ändern?

An welcher Stelle könnte es eventuell sogar sinnvoll sein, vom Prinzip abzuweichen?

2 Heiße Anforderungsänderungen selbst spät in der Entwicklung willkommen. Agile Prozesse nutzen Veränderungen zum Wettbewerbsvorteil des Kunden.

Woran machst du diesen Wert fest?

Wo handelst du bereits nach diesem Prinzip?

An welcher Stelle könnte dieses Prinzip wertvoll sein?

Was könntest du in Bezug auf dieses Prinzip ändern?

An welcher Stelle könnte es eventuell sinnvoll sein, vom Prinzip abzuweichen?

3 Liefere funktionierende Software regelmäßig innerhalb weniger Wochen oder Monate und bevorzuge dabei die kürzere Zeitspanne.

Woran machst du diesen Wert fest?

Wo handelst du bereits nach diesem Prinzip?

An welcher Stelle könnte dieses Prinzip wertvoll sein?

Was könntest du in Bezug auf dieses Prinzip ändern?

An welcher Stelle könnte es eventuell sinnvoll sein, vom Prinzip abzuweichen?

4 Fachexpert*innen und Entwickler*innen müssen während des Projekts täglich zusammenarbeiten.

Woran machst du diesen Wert fest?

Wo handelst du bereits nach diesem Prinzip?

An welcher Stelle könnte dieses Prinzip wertvoll sein?

Was könntest du in Bezug auf dieses Prinzip ändern?

An welcher Stelle könnte es eventuell sinnvoll sein, vom Prinzip abzuweichen?

5 Errichte Projekte rund um motivierte Individuen. Gib ihnen das Umfeld und die Unterstützung, die sie benötigen, und vertraue darauf, dass sie die Aufgabe erledigen.

Woran machst du diesen Wert fest?

Wo handelst du bereits nach diesem Prinzip?

An welcher Stelle könnte dieses Prinzip wertvoll sein?

Was könntest du in Bezug auf dieses Prinzip ändern?

An welcher Stelle könnte es eventuell sinnvoll sein, vom Prinzip abzuweichen?

6 Die effizienteste und effektivste Methode, Informationen an und innerhalb eines Entwicklungsteams zu übermitteln, ist im Gespräch von Angesicht zu Angesicht.

Woran machst du diesen Wert fest?

Wo handelst du bereits nach diesem Prinzip?

An welcher Stelle könnte dieses Prinzip wertvoll sein?

Was könntest du in Bezug auf dieses Prinzip ändern?

An welcher Stelle könnte es eventuell sinnvoll sein, vom Prinzip abzuweichen?

TAG 12: ÜBERDENKE DIE 12 PRINZIPIEN DES AGILEN MANIFESTOS – TEIL 2

Hast du schon den Tag 11 reflektiert? Dann lass uns die restlichen 6 Prinzipien reflektieren!

7 Funktionierende Software ist das wichtigste Fortschrittsmaß.

Woran machst du diesen Wert fest?

Wo handelst du bereits nach diesem Prinzip?

An welcher Stelle könnte dieses Prinzip wertvoll sein?

Was könntest du in Bezug auf dieses Prinzip ändern?

An welcher Stelle könnte es eventuell sogar sinnvoll sein, vom Prinzip abzuweichen?

8 Agile Prozesse fördern nachhaltige Entwicklung. Die Auftraggeber, Entwickler und Benutzer sollten ein gleichmäßiges Tempo auf unbegrenzte Zeit halten können.

Woran machst du diesen Wert fest?

Wo machst du bereits Gebrauch von diesem Prinzip?

An welcher Stelle könnte dieses Prinzip wertvoll sein?

Was könntest du in Bezug auf dieses Prinzip ändern?

An welcher Stelle könnte es eventuell sogar sinnvoll sein, vom Prinzip abzuweichen?

9 Ständiges Augenmerk auf technische Exzellenz und gutes Design fördert Agilität.

Woran machst du diesen Wert fest?

Wo handelst du bereits nach diesem Prinzip?

An welcher Stelle könnte dieses Prinzip wertvoll sein?

Was könntest du in Bezug auf dieses Prinzip ändern?

An welcher Stelle könnte es eventuell sogar sinnvoll sein, vom Prinzip abzuweichen?

10 Einfachheit – die Kunst, die Menge nicht getaner Arbeit zu maximieren – ist essenziell.

Woran machst du diesen Wert fest?

Wo handelst du bereits nach diesem Prinzip?

An welcher Stelle könnte dieses Prinzip wertvoll sein?

Was könntest du in Bezug auf dieses Prinzip ändern?

An welcher Stelle könnte es eventuell sogar sinnvoll sein, vom Prinzip abzuweichen?

11 Die besten Architekturen, Anforderungen und Entwürfe entstehen durch selbstorganisierte Teams.

Woran machst du diesen Wert fest?

Wo handelst du bereits nach diesem Prinzip?

An welcher Stelle könnte dieses Prinzip wertvoll sein?

Was könntest du in Bezug auf dieses Prinzip ändern?

An welcher Stelle könnte es eventuell sogar sinnvoll sein, vom Prinzip abzuweichen?

12 In regelmäßigen Abständen reflektiert das Team, wie es effektiver werden kann, und passt sein Verhalten entsprechend an.

Woran machst du diesen Wert fest?

Wo handelst du bereits nach diesem Prinzip?

An welcher Stelle könnte dieses Prinzip wertvoll sein?

Was könntest du in Bezug auf dieses Prinzip ändern?

An welcher Stelle könnte es eventuell sogar sinnvoll sein, vom Prinzip abzuweichen?

TAG 13: LEITE DEINE EXPERIMENTE AB – TEIL 3

Hast du bereits die 12 Prinzipien reflektiert (Übung Tag 11 und 12)? Dann leite dir drei bis fünf Experimente ab, die auf dein persönliches Wachstum oder die deines Teams einzahlen. Die Experimente sollen das Mindset hinter den 12 Prinzipien des Agilen Manifestos fördern.

Für deine Auswahl kannst du beispielsweise Prinzipien mit dem niedrigsten Wert auswählen oder Prinzipien, die eine besondere Bedeutung für dich und dein Team haben.

Ich nutze dafür gerne den Experimente-Canvas von Frederick Meseck, dem Autor des Buchs »Systemisch agil beraten (Leben. Lieben. Arbeiten: systemisch beraten)«:

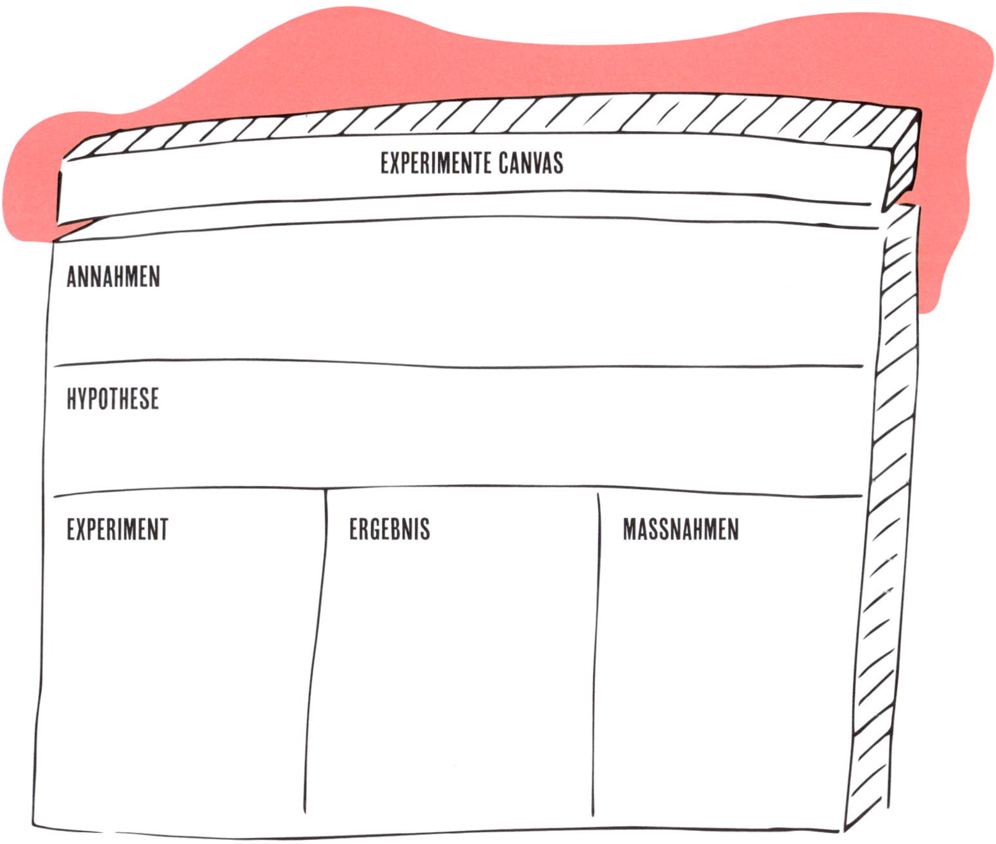

Erinnerst du dich noch an dein Lernbacklog?
Nimm deine Experimente dort auf!

TAG 14: DENKE NACH, WIE EIN RAHMENWERK AGILE PRINZIPIEN INTEGRIERT

Reflektiere bei dieser Übung, wie die Werte und Prinzipien des Agilen Manifestos in einem von dir ausgewählten Rahmenwerk, wie Scrum oder SAFe, vorkommen und von Teams gelebt werden. So kannst du Teams und Organisationen veranschaulichen, was im Agilen Manifesto niedergeschrieben wurde.

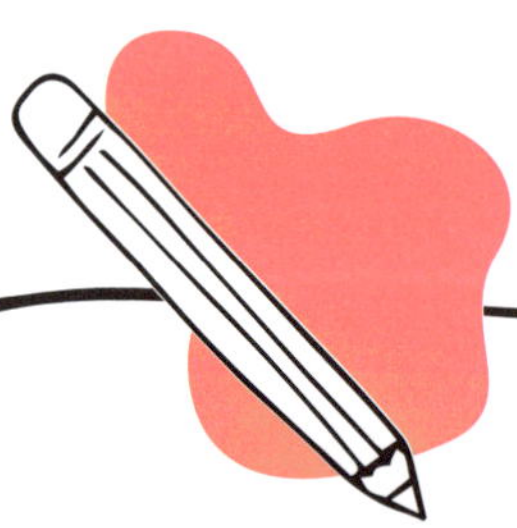

TAG 15: REFLEKTIERE DEN ZUSAMMENHANG VON AGILITÄT UND EMPIRIE

Agilität baut auf Empirie auf. Empirie bedeutet nichts anderes, als Wissen aus Erfahrung zu sammeln. Und zwar so früh wie möglich, um reaktionsfähig zu sein, Entscheidungen bewusst und rechtzeitig zu treffen und Chancen wahrzunehmen, falls sich der Kurs ändert. Und all das, um Kundennutzen und Wert zu stiften. Wir wollen also Waste (Verschwendung) innerhalb von agilen Entwicklungszyklen verringern.

Nun stellt sich die Frage, wie du eine empirische Prozesskontrolle innerhalb deines Teams schaffen kannst. Denn mit dem Wissen, das du und dein Team dadurch erlangen, verbessern sich stetig Prozesse und passen sich so den Marktbedingungen an.

Damit die immer fortwährende empirische Kontrolle und die Verbesserung reibungslos funktionieren, muss Transparenz über Arbeitsweisen und Prozesse bei der Produktentwicklung oder innerhalb des Projekts hergestellt werden. So können Überprüfungen erfolgen und Anpassungen im Prozess gewährleistet werden. Auf diese Punkte werde ich kurz genauer eingehen, da ich sie wichtig finde.

TRANSPARENZ

Transparenz gehört zu den Grundbausteinen der empirischen Prozesskontrolle. Nur wer sichtbar und offen für alle arbeitet und während des gesamten Prozesses transparent bleibt, kann erfolgreich und ohne großen (Nach-)Aufwand erfolgreich Ziele erreichen. Wenn alle Beteiligten stets das Big Picture im Blick behalten und dieselbe Sprache sprechen, kann das Team optimal agil arbeiten. Durch Transparenz ist es möglich, immer wieder problemlos zu überprüfen, ob das Projekt, die Produktentwicklung oder der Prozess noch in die richtige Richtung läuft.

ÜBERPRÜFUNG/INSPEKTION

Bei der Überprüfung des Prozesses kannst du feststellen, wie erfolgreich die Produktentwicklung, die Prozesse und das Team sind und was verbessert oder verändert werden kann und muss. Der Rhythmus der Überprüfung muss gut gewählt werden. Denn zu häufige Inspektionen können auch einen negativen Einfluss auf den Prozess nehmen. Wenn sich beispielsweise nur noch auf die Inspektion fokussiert und das eigentliche Ziel aus den Augen verloren wird. Dann findet keine stetige Verbesserung statt, wie wir sie bei der empirischen Prozesskontrolle erlangen wollen. Es gibt immer Situationen, da ist zu viel des Guten eben nicht mehr gut. Trotzdem müssen wir Inspektionen oft genug abhalten, um alle schädlichen Abweichungen des Prozesses oder der Zielerreichung feststellen zu können. Versuche ein gutes Mittelmaß zu finden.

ANPASSUNG/ADAPTION

Nachdem der Prozess überprüft wurde, nimmt man die notwendigen Anpassungen vor. Der Prozess oder das Ziel wird angepasst und dadurch verbessert, und der agile Lernzyklus kann weitergehen.

Die empirische Prozesskontrolle muss also Teil eines jeden agilen Teams und Projekts sowie jeder Zielerreichung sein.

In dieser Übung dienen dir die drei Grundwerte Adaption, Transparenz und Inspektion als Reflexionsgrundlage für dein eigenes Verhalten in der empirischen Prozesskontrolle. Denn du kennst sicher den Spruch: »Am besten fängt man erst mal bei sich selbst an.« Auch können wir meiner Meinung nach nur Dinge glaubwürdig vermitteln, die wir selbst (vor)leben.

TIPP

Natürlich kannst du diese Übung auch gerne auf dein Team anwenden. So könnt ihr gemeinsam reflektieren, wer wie zu den drei Grundpfeilern der empirischen Prozesskontrolle beiträgt. Hierfür kannst du beispielsweise einen Fragebogen aufsetzen und diesen die Teammitglieder ausfüllen lassen. Die Ergebnisse könnt ihr dann gemeinsam in einem Workshop besprechen und Ableitungen treffen, was ihr beibehalten oder was ihr ändern wollt. Du wirst überrascht sein, welche Erkenntnisse ihr gemeinsam entdeckt.

Wieso sind Transparenz, Adaption und Inspektion beim agilen Arbeiten so wichtig? Woran machst du ihre Relevanz fest?

Welche Szenarien fallen dir über dich in deiner Rolle zu Transparenz, Inspektion und Adaption innerhalb eines Teams ein?

Innerhalb der nächsten drei Tagen werden wir genauer auf Transparenz, Inspektion und Adaption eingehen und reflektieren, welche Rolle diese Grundpfeiler für dich bei deiner Arbeit spielen.

TAG 16: DENKE AN TRANSPARENZ

Denke weiter an dich und deine Arbeitsweise mit Teams und beantworte die folgenden Fragen:

Was verstehst du unter Transparenz?

Welche Rolle spielt Transparenz für dich bei deiner täglichen Arbeit mit Teams?

Inwiefern bist du ein Vorbild für den Wert Transparenz: Wo stehst du auf einer Skala von 1 (gar nicht) bis 10 (sehr)?

Weshalb hast du dich genau dort eingeordnet?

Was machst du bereits besonders gut als Vorbild für Transparenz?

Was müsste passieren, damit du einen Skalenpunkt höher kommst? Vielleicht ist auch bereits alles gut, wie es ist, und du bist mit deiner Einstufung zufrieden.

Falls du Potenzial siehst, dann notiere dir zwei bis drei konkrete Maßnahmen oder Experimente, die du in Bezug auf den Wert Transparenz ausprobierst, um einen höheren Skalenpunkt zu erreichen:

TAG 17: ÜBERDENKE INSPEKTION

Denke weiter an dich und deine Arbeitsweise mit Teams und beantworte die folgenden Fragen:

Was verstehst du unter Inspektion?

Welche Rolle spielt Inspektion für dich bei deiner täglichen Arbeit mit Teams?

Inwiefern bist du ein Vorbild für den Wert Inspektion: Wo stehst du auf einer Skala von 1 (gar nicht) bis 10 (sehr)?

Weshalb hast du dich genau dort eingeordnet?

Was machst du bereits besonders gut als Vorbild für Inspektion?

Was müsste passieren, damit du einen Skalenpunkt höher kommst? Vielleicht ist auch bereits alles gut, wie es ist, und du bist mit deiner Einstufung zufrieden.

Falls du Potenzial siehst, dann notiere dir zwei bis drei konkrete Maßnahmen oder Experimente, die du in Bezug auf Inspektion ausprobierst, um einen höheren Skalenpunkt zu erreichen:

TAG 18: DENKE AN ADAPTION

Denke weiter an dich und deine Arbeitsweise mit Teams und beantworte die folgenden Fragen:

Was verstehst du unter Adaption?

Welche Rolle spielt Adaption für dich bei deiner täglichen Arbeit mit Teams?

Inwiefern bist du ein Vorbild für den Wert Adaption: Wo stehst du auf einer Skala von 1 (gar nicht) bis 10 (sehr)?

Weshalb hast du dich genau dort eingeordnet?

Was machst du bereits besonders gut als Vorbild für Adaptation?

Was müsste passieren, damit du einen Skalenpunkt höher kommst? Vielleicht ist aber bereits alles gut, wie es ist.

Falls du Potenzial siehst, dann notiere dir zwei bis drei konkrete Maßnahmen oder Experimente, die du in Bezug auf Adaption ausprobierst, um einen höheren Skalenpunkt zu erreichen:

Du kannst diese Übungen auch nutzen, um dir Feedback von deinen Arbeitskolleg*innen einzuholen. Frage hierzu, wo sie dich auf der Skala einschätzen. Oft unterscheidet sich unsere Eigenwahrnehmung von unserem Fremdbild. Auch erfährst du so noch mal mehr über deine Wirkung und dein äußeres Auftreten.

TAG 19: ERKUNDE AGILITÄTSBLOCKER AUS DEM ALLTAG

Echte Agilität bedeutet echte Teamarbeit mit dem Fokus, Wertschöpfung für unsere Kund*innen zu generieren. Dies gelingt am besten, indem ein autonomes, selbstorganisiertes Team direkt ein Kund*innenproblem löst – egal, ob bei der Softwareentwicklung, in der Personalabteilung oder im Vertrieb. Dies klappt meistens in einem einfachen Zyklus, der Kommunikation und direkte Interaktion zwischen Team und Kund*innen zulässt. Und zwar möglichst schnell, ohne langes Hinauszögern.

Faktisch haben sich die meisten Unternehmen jedoch Strukturen gegeben, die den beschriebenen Zyklus massiv stören. Die Beispiele für Störungen sind vielfältig [7]:

- Das Team hat keinen direkten Kontakt zu den Kund*innen.
- Die Mitarbeitenden werden ständig zwischen Teams hin und her verschoben.
- Vorgesetzte geben den Teammitgliedern Aufgaben, die sie von der Lösung kundenrelevanter Probleme abhalten.
- Teammitglieder müssen Prozesse einhalten, die die Problemlösung für Kund*innen erheblich verzögern.

Welche Agilitätsblocker begegnen dir im Alltag?

Welche Chancen verpasst du basierend auf diesen Agilitätsblockern?

Wie trägst du in deiner Rolle vielleicht sogar zu diesen Blockern bei? Beispielsweise durch Wegschauen, nicht Zuhören oder nicht Ernstnehmen.

TAG 20: ERKLÄRE SCRUM IN EINEM SATZ

Stelle dir nun vor, du stehst an einem Flipchart und erklärst einer Gruppe von Business Stakeholdern, was Scrum ist. Du hast genau drei Minuten Zeit, um das Management von Scrum zu überzeugen.

Nutze diese Workbook-Seite und skizziere deine Idee(n). Bedenke, diese Stakeholder kennen keine Fachbegriffe. Gehe wirklich kurz auf den Kern von Scrum ein und skizziere es. Nachdem du deine Skizze erstellt hast, erkläre Scrum in einem Satz.

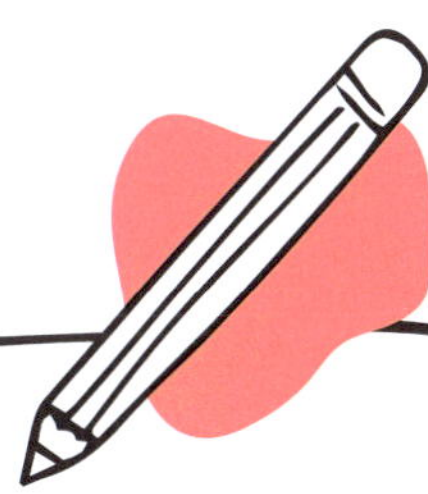

Mit dieser Übung kannst du trainieren, wie du unter Druck Menschen von etwas überzeugst. Ich habe in dieser Übung Scrum als Beispiel genommen. Mache diese Übung gerne mit weiteren agilen Rahmenwerken und Prozessen wie Kanban, LeSS, Nexus oder SAFe.

Scanne den QR-Code und lasse dich von meinem Kurzvideo inspirieren, wenn du wissen möchtest, wie meine Lösung ist:

https://deine-agile-reise.de/scrum/

TAG 21: REFLEKTIERE DIE SCRUM-WERTE

Heute sind wir bei den Scrum-Werten angekommen. Die nächste Übung ist eine meiner Lieblingsübungen. Im Inspirations-Tipp dieser Übung erfährst du auch, warum und wofür ich diese Übung so gerne mache.

Natürlich kannst du die Scrum-Werte auch durch andere Werte, zum Beispiel Teamwerte, Firmenwerte, SAFe-Werte oder sonstige Prinzipien ersetzen. Wie es für dich eben am passendsten ist. Außerdem ist diese Übung super dafür geeignet, sie gemeinsam mit deinem Team durchzuführen.

Scrum definiert die fünf Werte Mut, Fokus, Commitment, Respekt und Offenheit, die ein Scrum-Team umsetzt und verkörpert, um die bestmögliche Transparenz, Inspektion und Adaption zu ermöglichen. Im Scrum Guide [8] steht Folgendes zu den Werten:

»Die erfolgreiche Anwendung von Scrum hängt davon ab, dass die Menschen immer besser in der Lage sind, fünf Werte zu leben: Commitment, Fokus, Offenheit, Respekt und Mut. Das Scrum-Team committed sich, seine Ziele zu erreichen und sich gegenseitig zu unterstützen. Sein primärer Fokus liegt auf der Arbeit des Sprints, um den bestmöglichen Fortschritt in Richtung dieser 5 Ziele zu bewirken. Das Scrum-Team und dessen Stakeholder*innen sind offen in Bezug auf die Arbeit und die Herausforderungen. Die Mitglieder des Scrum-Teams respektieren sich gegenseitig als fähige, unabhängige Personen und werden als solche auch von den Menschen, mit denen sie zusammenarbeiten, respektiert. Die Mitglieder des Scrum-Teams haben den Mut, das Richtige zu tun: an schwierigen Problemen zu arbeiten. Diese Werte geben dem Scrum-Team die Richtung vor, was seine Arbeit, seine Handlungen und sein Verhalten betrifft. Die Entscheidungen, die getroffen werden, die Schritte, die unternommen werden, und die Art und Weise, wie Scrum angewendet wird, sollten diese Werte stärken und nicht schmälern oder untergraben. Die Mitglieder des Scrum-Teams lernen und erforschen die Werte, während sie in den Events und mit den Artefakten von Scrum arbeiten. Wenn diese Werte durch das Scrum-Team und die Menschen, mit denen es arbeitet, verkörpert werden, werden die empirischen Scrum-Säulen Transparenz, Überprüfung und Anpassung lebendig und bauen Vertrauen auf.« [8].

Wenn ich diesen Abschnitt im Scrum Guide lese, bekomme ich immer Gänsehaut, weil ich persönlich finde, dass hier so viel Haltung, Reflexion und Reife von den Teammitgliedern erfordert wird. Was ich aber leider oft in der Praxis erlebe, ist, dass die fünf Werte kaum eine Rolle spielen und Teams diese oft gar nicht kennen. Und wenn nicht wir als Agile Coaches selbst, wer sonst lebt diese Werte innerhalb von Teams und Organisationen vor? Um unser Bewusstsein als agile Treiber*innen zu schärfen, habe ich diese wirkungsvolle Übung aufgesetzt, die ich wirklich jedem empfehlen kann. Ich persönlich finde, es gibt nichts Schlimmeres als leere Werte, die nicht mit Leben gefüllt werden. Du wirst überrascht sein, was du durch diese Reflexion alles über dich selbst entdecken wirst.

Lege dir drei Stifte mit unterschiedlichen Farben zurecht und fülle das Spider-Diagramm aus.

Auf einer Skala von 1 (gar nicht, ganz innen im Spider-Diagramm) bis 5 (sehr, ganz außen im Spider-Diagramm), wie sehr lebst du selbst die Werte? Nutze eine Farbe, die dich selbst repräsentiert, und markiere den Wert auf dem Spider-Diagramm.

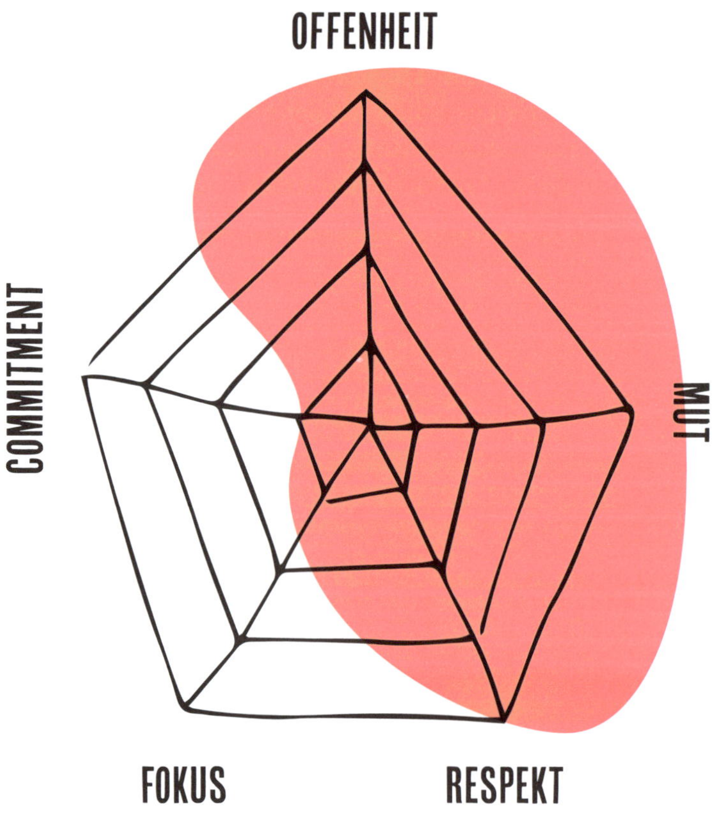

Benutze eine weitere Farbe und schätze ein, wie sehr ihr die Werte in dem Team lebt, in dem du momentan arbeitest. Benutze abschließend eine weitere Farbe und schätze ein, wie sehr ihr die fünf Werte in deiner Organisation lebt. So kannst du schauen, wo ihr momentan in Bezug auf die fünf Scrum-Werte deiner Meinung nach steht.

In den nächsten fünf Tagen gehen wir genauer auf die Werte Offenheit, Mut, Fokus, Respekt und Commitment ein. Hierbei beziehen wir uns immer wieder auf den von dir gewählten Wert im Spider-Diagramm. Am Ende der Reflexion leiten wir noch Experimente ab, die du mit deinem Team, für dich selbst oder innerhalb der Organisation ausprobieren kannst und die auf die fünf Scrum-Werte einzahlen. Vielleicht kommst du oder kommt dein Team so einen Skalenpunkt höher?

TAG 22: ÜBERDENKE DEN WERT OFFENHEIT

Woran machst du deine Einschätzungen auf dem Spider-Diagramm am Tag 21 fest?

Was bedeutet für dich Offenheit?

Was machst du bereits besonders gut in Bezug auf Offenheit?

Wo siehst du Potenziale in Bezug auf den Wert Offenheit?

Bei dir selbst:

Im Team:

In deiner Organisation:

Welche Experimente kannst du durchführen, um den Wert Offenheit noch proaktiver zu leben und zu fördern:

TAG 23: REFLEKTIERE DEN WERT RESPEKT

Woran machst du deine Einschätzungen auf dem Spider-Diagramm am Tag 21 fest?

Was bedeutet für dich persönlich Respekt?

Was machst du bereits besonders gut in Bezug auf Respekt?

Wo siehst du Potenziale in Bezug auf den Wert Respekt:

Bei dir selbst:

Im Team:

In deiner Organisation:

Welche Experimente kannst du ausprobieren, um den Wert Respekt noch proaktiver zu leben und zu fördern:

ZWISCHENSTOPP: REFLEKTIERE DEIN WUNDER

Erinnerst du dich noch an dein Wunder, das du an Tag 3 formuliert hast?

Formuliere nun dein Wunder so detailliert wie möglich, sodass du noch mehr Klarheit bekommst, was du erreichen willst:

Bei der Formulierung deines Wunders hilft dir die SMART-Goal-Methode. SMART steht für:

Spezifisch: Formuliere, so genau wie möglich, was dein Wunder ist.

Messbar: Woran kannst du erkennen, dass du dein Wunder wirklich umgesetzt hast?

Attraktiv: Hast du wirklich Lust, dein Wunder zu erreichen?

Realistisch: Dein Wunder sollte natürlich umsetzbar sein, aber dennoch darf es eine kleine Herausforderung sein.

Terminiert: Bis wann möchtest du dein Wunder erreicht haben?

Was wäre ein erster Schritt in Richtung deines Wunders?

Was kannst du heute schon dafür tun?

Nimm deine Erkenntnisse mit in dein Lernbacklog auf!

TAG 24: HINTERFRAGE DEN WERT FOKUS

Zurück zu den Scrum-Werten!

Woran machst du deine Einschätzungen auf dem Spider-Diagramm am Tag 21 fest?

Was bedeutet für dich Fokus?

Was machst du bereits besonders gut in Bezug auf Fokus?

Wo siehst du Potenziale in Bezug auf den Wert Fokus:

Bei dir selbst:

Im Team:

In deiner Organisation:

Welche Experimente kannst du ausprobieren, um den Wert Fokus noch proaktiver zu leben und zu fördern:

TAG 25: REFLEKTIERE DEN WERT MUT

Woran machst du deine Einschätzungen auf dem Spider-Diagramm am Tag 21 fest?

Was bedeutet für dich Mut?

Was machst du bereits besonders gut in Bezug auf Mut?

Wo siehst du Potenziale in Bezug auf den Wert Mut:

Bei dir selbst:

Im Team:

In deiner Organisation:

Welche Experimente kannst du ausprobieren, um den Wert Mut noch proaktiver zu leben und zu fördern:

TAG 26: DENKE AN DEN WERT COMMITMENT

Woran machst du deine Einschätzungen auf dem Spider-Diagramm am Tag 21 fest?

Was bedeutet für dich Commitment?

Was machst du bereits besonders gut in Bezug auf Commitment?

Wo siehst du Potenziale in Bezug auf den Wert Commitment:

Bei dir selbst:

Im Team:

....

....

....

....

In deiner Organisation:

....

....

....

....

Welche Experimente kannst du ausprobieren, um den Wert Commitment noch proaktiver zu leben und zu fördern:

....

....

....

....

Ich hatte dir versprochen, dass ich noch darauf eingehe, warum und wofür ich diese Übung so gerne nutze. Zu Beginn meiner beruflichen Laufbahn habe ich diese Übung für mich einmal ausgefüllt. Damals hatte ich ein Scrum-Team, in dem es einen Entwickler gab, der sich meiner Wahrnehmung nach sehr respektlos gegenüber den anderen Teammitgliedern verhielt. Durch die Übung habe ich herausgefunden, dass ich auch nicht besonders respektvoll dem Entwickler gegenüber war – aufgrund seines Verhaltens. Danach habe ich beschlossen, dass ich ein Vorbild sein möchte, und habe angefangen, an meiner Haltung gegenüber dem Entwickler zu arbeiten. Die Krux: Oft bemängeln wir genau die Verhaltensweisen an Personen, die wir ihnen selbst entgegenbringen. Wir erkennen Verhaltensweisen oft deswegen, weil wir sie selbst zwar haben, aber – blinder Fleck sei Dank – nicht wahrnehmen. Es lohnt sich wirklich, diese Übung regelmäßig und immer wieder zu machen. Es liegt an uns selbst und wie wir in Situationen wie diesen handeln. Häufig nehmen wir ungewollt negativen Einfluss.

Für die Systemiker*innen unter uns: Natürlich ist es so, dass man gerne ein Vorbild sein möchte, ob man jedoch Vorbild ist, entscheidet man nicht selbst, nur weil man viel reflektiert. Vorbild ist eine Zuschreibung, die andere Menschen einem geben oder eben nicht [9].

Blick nach vorne: Innerhalb der Reisestation 3 arbeiten wir deine persönlichen Werte auf! Bleib also dran und sei gespannt, denn diese sind in Zukunft eine super Reflexionsgrundlage für dich.

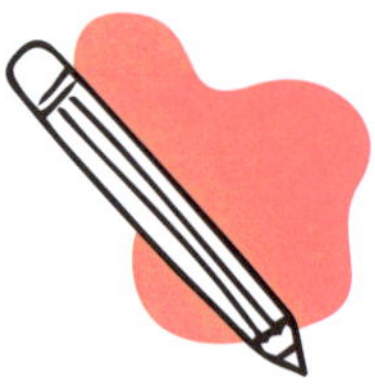

Innerhalb dieser Übung haben wir viele Experimente abgeleitet. Hast du diese schon in dein Lernbacklog aufgenommen? Dort kannst du sie in Ruhe priorisieren und ordnen. Nimm dir bitte auch nicht zu viele Experimente vor. Das ist ein bisschen so wie bei Retrospektiven, dort sollte sich ein Team auch nur auf die wichtigsten Veränderungsvorhaben fokussieren. Denn zu viele Veränderungen auf einmal führen schnell zu Überforderungen. Viel wichtiger sind Kontinuität und Fokus! Bleib also am Ball!

TAG 27: ÜBERLEGE DIR EIN SZENARIO, DAS DIE AGILEN WERTE UND PRINZIPIEN VERLETZT

In den letzten Tagen haben wir die agilen Prinzipien und Werte tiefgründig reflektiert. Überlege dir bei dieser Übung ein Szenario aus deiner eigenen Erfahrung, in dem diese agilen Werte und Prinzipien verletzt wurden. Diskutiere anschließend, warum du dies so empfindest, welche Auswirkungen es hatte, und reflektiere, wie du die Situation als Agile Coach angegangen bist:

Angenommen, die Situation würde sich noch einmal so ereignen, würdest du dann etwas anders machen? Wenn ja, wie würdest du heute vorgehen?

TAG 28: REFLEKTIERE DAS RAD DES AGILE COACHINGS

Je mehr du dich mit dir selbst beschäftigst, desto mehr wird dir bewusst werden, wie du als Agile Coach wirkst. Das Rad des Agile Coachings habe ich basierend auf dem Agile Competency Framework aufgebaut. Mit dem Rad kannst du eine eigene persönliche Einschätzung machen, in welchen Bereichen du bereits schon sehr wirksam bist und wo du vielleicht noch Raum für Wachstum und Entwicklung hast. Es lohnt sich, bei beidem genau hinzuschauen, um deine Stärken und Lücken zu identifizieren. Natürlich spiegelt das Rad des Agile Coachings kein wissenschaftlich geprüftes Ergebnis wider. Aber es bietet dir eine gute Reflexionsgrundlage und hilft dir, zu verstehen, welche Bereiche vielleicht noch Schätze verbergen und wo du bereits viel Wertvolles bei dir trägst.

Auf einer Skala von 1 (wenig Ressourcen) bis 10 (viele Ressourcen), wo ordnest du dich bei den verschiedenen Bereichen im Rad des Agile Coachings ein?

Woran machst du dies fest? Was sind die Gründe für deine Einordnung?

Was müsste passieren, damit du in den einzelnen Bereichen einen Skalenpunkt höher kommst?

Was wären nächste Schritte?

Was sind deine Beweggründe, um diese Schritte zu erreichen?

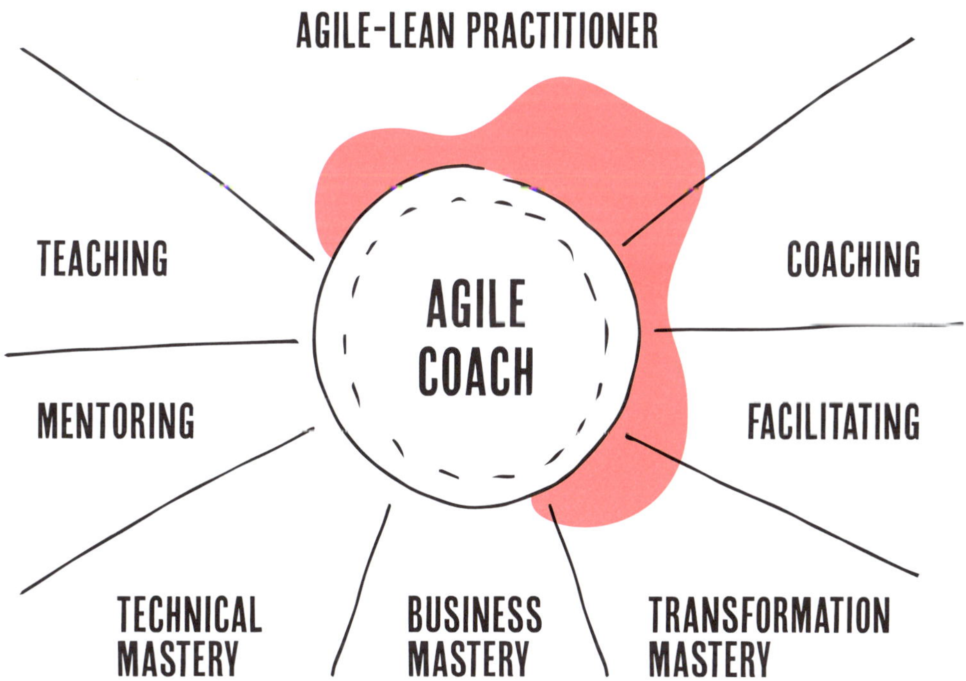

TAG 29: ARBEITE DEINE GLAUBENSSÄTZE ZU AGILITÄT AUF

Wir alle tragen durch unsere Erfahrungen geprägt Glaubenssätze in uns. Aber manchmal sind diese Glaubenssätze nicht mehr förderlich und stehen uns eigentlich nur im Weg. Deswegen sollten wir sie hin und wieder auf den Prüfstand stellen. Die Glaubenssätze sind jedoch oft nicht auf Anhieb ersichtlich. Deshalb ist es in einem ersten Schritt nötig, sie uns bewusst zu machen.

Versuche, im Alltag zu beobachten, welche Glaubenssätze Menschen über Agilität oder agiles Arbeiten haben. Ich bin immer wieder überrascht, was alles in unserer Welt mit Blick auf Agilität verinnerlicht wurde, und arbeite gerne zusammen mit den Menschen daran.

Lass uns aber bei uns selbst anfangen. Du reflektierst bei dieser Übung über deine eigenen Glaubenssätze.

Wenn du an Agilität denkst, fallen dir folgende Begebenheiten, Momente oder Situationen ein:

Wenn du dir diese Begebenheiten, Momente oder auch Situationen genauer anschaust: Welche Schlüsse kannst du dann aus diesen Assoziationen über Agilität und agile Arbeitsweisen ziehen?

Schaue dir nun die Antworten der ersten beiden Fragen genauer an: Überlege, welche Glaubenssätze du vielleicht über Agilität oder agile Arbeitsumfelder verinnerlicht hast?

Was fällt dir auf, wenn du diese Glaubenssätze reflektierst? Was war dir vorher nicht so bewusst?

Beispiele für Glaubenssätze:

- Agilität ist eine chaotische Arbeitsweise.
- Agile ist wie Ketchup. Mit schmeckt's immer besser.
- Wir dürfen keine Fehler machen.
- Wir müssen immer liefern.
- Agilität hilft immer und überall.
- Scrum ist gleich agil.
- Alle Teams müssen nach Scrum arbeiten.

Um Glaubenssätze aufzulösen, kann ich dir die Regeltransformation von Virgina Satir empfehlen. Scanne gerne diesen QR-Code.
In einem Kurzvideo erkläre ich dir die Regeltransformation:

https://deine-agile-reise.de/glaubenssaetze/

TAG 30: MACHE EINE AGILE SELBSTEINSCHÄTZUNG

Jetzt kommen wir zu den spannenden Fragen: Wo stehst du selbst mit deinem Team mit Blick auf das Leben von echter Agilität? Und wie agil sind dein Team und du wirklich? Erstelle dir hierfür eine agile Selbsteinschätzung mit den fünf Komponenten, die für dich beim agilen Arbeiten sehr wichtig sind.

Du hast keine Idee, welche Komponenten du nehmen kannst? Hier habe ich ein paar Beispiele für dich:

* **kontinuierlicher Verbesserungsprozess**
* **effiziente Prozesse**
* **schlanke Strukturen**
* **abteilungs- und funktionsübergreifende Zusammenarbeit**
* **Iterationsziele**
* **Lernkultur**
* **Test- und Deployment-Automatisierung**

Hier ein Beispiel zur Beschreibung und Auswahl der Komponente Iterationsziele:

Die Mitarbeiter*innen setzen sich eigenständig Ziele, die mit der Unternehmensstrategie und den Unternehmenswerten übereinstimmen und auf den Projekterfolg einzahlen. Die Teammitglieder entscheiden selbst, wie sie Iterationsziele erreichen können.

Diese Komponente habe ich gewählt, da ich das eigenständige Setzen von Zielen besonders wichtig finde und es für einen hohen Reifegrad des Teams spricht.

Liste die fünf Komponenten hier auf und beschreibe kurz, was diese fünf Komponenten für dich bedeuten. Gehe auch darauf ein, warum du genau diese Komponenten gewählt hast:

Beschrifte nun die Außenkanten des Spider-Diagramms mit den fünf Komponenten und betrachte die einzelnen Achsen Schritt für Schritt. Trage deine Bewertung im Spider-Diagramm pro Achse ein, indem du die folgende Frage reflektierst:

Wie lebst du gemeinsam mit deinem Team diese Komponenten?

Was findest du besonders spannend, wenn du dir das Ergebnis anschaust?

Woran machst du die Bewertung fest?

Wo könntest du in deiner Rolle noch mehr Wirkung entfalten oder Potenziale entwickeln?

Was macht dich besonders stolz, wenn du das Ergebnis anschaust?

Angenommen, du würdest deine Kolleg*innen fragen, wie du zum Ergebnis beigetragen hast, was würden sie sagen?

TAG 31: FÜLLE DIE AGILE SONNENBLUME AUS

Mit dieser Übung werden wir anhand der agilen Sonnenblume erarbeiten, wie vielschichtig agiles Arbeiten ist und was es dazu alles braucht. So hast du Transparenz, was du alles in deine Arbeit einfließen lassen kannst. Auch ist es eine super Übersicht, woran du mit deinen Teams arbeiten kannst.

Die Blüten der Sonnenblume stellen die agilen Praktiken dar. Damit meine ich zum Beispiel eine Definition of Done, Vision oder Team Charta. Die Kerne sind die agilen Frameworks, die agile Praktiken zu einem Vorgehensmodell zusammenfassen. Die Blätter repräsentieren die agilen Prinzipien. Sie erinnern daran, was wichtig in der Organisation oder für die Zusammenarbeit ist. Der Stängel symbolisiert die agilen Werte. Denn Werte sind die Basis und die Grundlage für die agilen Praktiken und Prinzipien. Sie bieten Halt – wie ein Stängel eben. Die Wurzeln der Sonnenblume stellen die agilen Soft Skills dar. Agile Soft Skills sind persönliche Fähigkeiten, Charakterzüge, Verhaltensweisen, Einstellungen und Eigenschaften, die über erlernte Fachkompetenzen hinausgehen und in der agilen Welt besonders relevant sind.

Trage ein, welche agilen Praktiken, Frameworks, Werte und Prinzipien dir einfallen.

Reflektiere bei den agilen Soft Skills, welche persönlichen Fähigkeiten, Charakterzüge, Verhaltensweisen, Einstellungen und Eigenschaften dir für agiles Arbeiten wichtig sind.

Reflektiere, wie du bei den Praktiken, Frameworks, Werten, Prinzipien und Skills aufgestellt bist.

Diese Übung ist inspiriert durch die Arbeit von borisgloger Consulting GmbH »Der Agile Baum als Orientierungshilfe« [10].

TAG 32: REFLEKTIERE ÜBER RETROSPEKTIVEN

Ich bin davon überzeugt, dass wir alle danach streben, einen guten Job zu machen. Warum sollten wir auch absichtlich schlechte Arbeit leisten? Jedoch unterstellen sich Kolleg*innen bei Konflikten häufig gegenseitig boshafte Absichten. Dabei haben sie oft ein ähnliches oder sogar gleiches Ziel und nur unterschiedliche Wege, dieses zu erreichen. Manchmal passieren uns auch Fehler oder wir arbeiten nicht so gut im Team zusammen, wie wir eigentlich könnten. Auch kann es sein, dass wir einfach mal eine Erholungsphase brauchen – wie ein Muskel, der ja auch nicht ohne Regeneration wachsen kann. Natürlich kann es auch passieren, dass wir Prozesse etablieren, die eher störend sind als hilfreich. Und am Ende vielleicht einfach nur Frust aufstauen, weil wir Themen nicht offen ansprechen – bewusst oder unbewusst.

Und weißt du was: Das ist auch völlig normal und menschlich! Es geht nämlich nicht darum, perfekte Arbeit zu leisten, keine Fehler mehr zu machen und alle 100 Prozent zufriedenzustellen. Als Einzelperson oder aber auch als Team. Wirklich wichtig ist, zu wissen, wie wir im Team eine funktionierende Feedback-Schleife entwickeln, um genau diesen Themen, Gedanken, Emotionen und Empfindlichkeiten genug Raum zur Reflexion zu geben. Gemeinsam auf das Ergebnis, die Zusammenarbeit und die Prozesse zu schauen, um Hürden oder Herausforderungen schnellstmöglich zu erkennen und Lösungen und neue Wege für diese zu finden.

Eine meiner Hypothesen ist, dass Projekte, Produktentwicklungen oder aber auch Teams in der Zusammenarbeit scheitern, wenn Spannungen keinen Raum bekommen oder auch wenn Teams keinen Sinn und Zweck darin erkennen, eine Feedback-Schleife zu etablieren und das gemeinsame Lernen ausbleibt. Retrospektiven helfen uns dabei, genau diesen Raum zu geben: Durch regelmäßige Retrospektiven lernt das Team, sich aktiv mit seiner Situation auseinanderzusetzen, um sie zu verbessern. Bei Retrospektiven übernehmen Teams Verantwortung für ihr eigenes Umfeld und ihren eigenen Handlungsbereich und können so einen großen Schritt in Richtung Selbstorganisation machen.

In dieser Übung möchte ich dir ein paar Tipps und Tools an die Hand geben, mit denen du Retrospektiven reflektieren kannst. Nimm dir genügend Zeit, um die folgenden Fragen zu beantworten, denn Retrospektiven sind meiner Meinung nach ein Kernelement von Agilität und sollten deshalb für Teams und Organisationen wertbringend sein.

Ich habe oben schon geschrieben, dass Retrospektiven für mich ein Kernelement von Agilität sind. Was sind Retrospektiven für dich?

Warum und wofür sind sie innerhalb von Teams, Projekten und bei der Produktentwicklung wichtig?

Was glaubst du, soll mit Retrospektiven erreicht werden?

Welchen Beitrag leistest du als Agile Coach dafür?

Mich begeistert es immer wieder, wenn ich mir bewusst mache, warum und wofür Retrospektiven da sind. Was ich jedoch schon oft in der Praxis erlebt habe, ist, dass Teams genau das nicht verstehen oder Retrospektiven eher als lästig empfinden. Schnell hört man Sätze wie »Oh nein, noch ein Meeting.« oder »Das bringt doch nichts.« Mein Tipp ist, gemeinsam mit dem Team genau hinzuschauen und im ersten Schritt den Golden Circle [11] für Retrospektiven aufzuarbeiten:

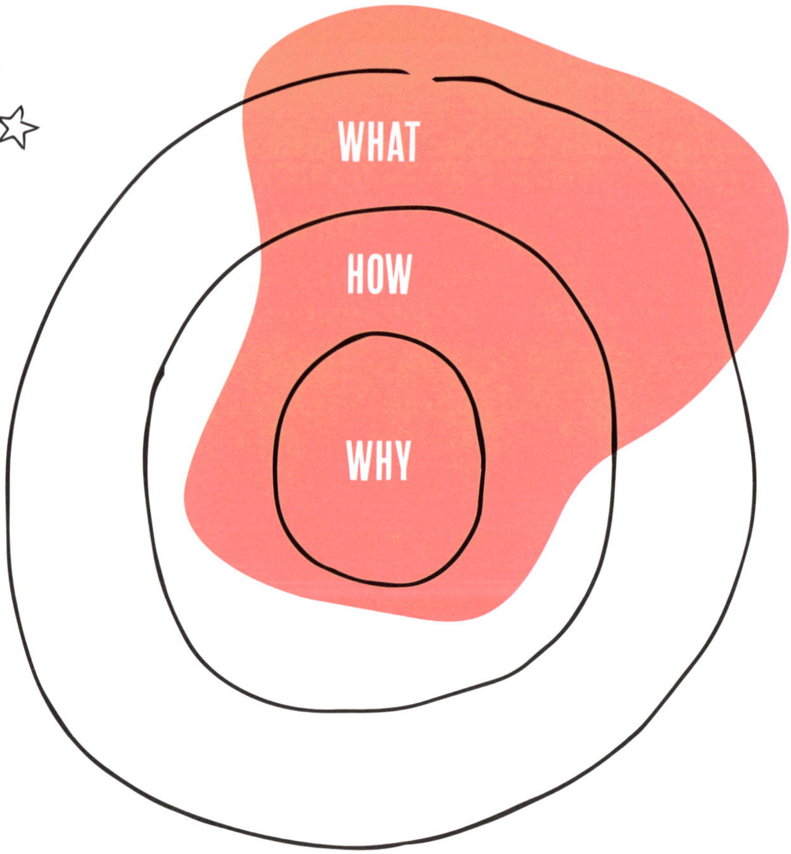

Es lohnt sich, genau hinzuhören, was sich die Teammitglieder von den Retrospektiven wünschen und erhoffen. Vielleicht haben sie auch eigene Ideen und Vorstellungen, wie sie das Why der Retrospektive erzielen wollen. Ich möchte dich hier auch bewusst ermutigen, weg von den fünf Phasen der Retrospektive zu gehen, die in jedem Fachbuch gepredigt werden. Werde gemeinsam mit deinem Team kreativ, sodass ihr eine Feedback-Schleife findet, die zu euch passt! Denn es geht nicht darum, die fünf Phasen einer Retrospektive zu durchlaufen. Es geht darum, dass ein Raum geschaffen wird, in dem Empirie, Reflexion, Austausch und das Ableiten von Verbesserungen wirklich stattfinden können. Ich sehe hier Agile Coaches und Scrum Master in der Verantwortung, genau diesen Raum und Rahmen gemeinsam mit den Teammitgliedern zu schaffen.

Du möchtest mehr über Retrospektiven erfahren? Dann kann ich dir das Buch »Agile Retrospektiven« von Derby und Larsen empfehlen:

https://tinyurl.com/Agile-Retrospektiven

REISE-HIGHLIGHTS: DEINE LEARNINGS DER ERSTEN REISESTATION

Wow! Was für erste entdeckungsreiche Tage, oder?

Mache in dieser letzten Übung der ersten Reisestation eine Art Review: Denke hierfür über deinen bisherigen Fortschritt, den Stand und die nächsten Entwicklungsschritte des Selbstcoachings nach.

Behalte hierfür gerne das Motto: »Change it, love it or leave it« im Hinterkopf. Denn es kann sein, dass du vielleicht gar keine Entwicklungsschritte siehst und einfach vollkommen zufrieden mit dir selbst bist. Das ist auch völlig okay!

Wie würdest du deine erste Reisestation mit drei Worten zusammenfassen?

Was sind deine größten Aha-Momente, neue Erkenntnisse, Impulse oder Ideen zur weiteren Entwicklung? Welche Möglichkeiten warten auf dich?

Wo willst du noch wachsen? Wo darfst du etwas ändern? Oder wo ist bereits schon alles so, wie du es haben willst?

Nimm deine Ideen auch in dein Lernbacklog auf, sodass du deine Vorhaben in einer geordneten Liste hast, die du in Zukunft pflegen, weiter spezifizieren und priorisieren kannst.

Denke nun kurz über deine Stärken und Besonderheiten nach, die du in der ersten Reisestation entdeckt hast: Welche drei Schätze trägst du bereits in dir?

Und jetzt ganz allgemein: Was sind deine drei wichtigsten Erkenntnisse aus der ersten Reisestation, die du nicht vergessen willst. Notiere dir diese hier:

1.

2.

3.

Mit diesen neuen Erkenntnissen und Ahas gehen wir jetzt auf die weitere Reise. Bleib dran!

Schon beim Aufschreiben und Reflektieren unserer Gedanken und Learnings kann ganz viel Klarheit und Neues entstehen. Nimm dir auch noch mal Zeit, dir persönlich Danke zu sagen, dass du gerade dieses Selbstcoaching machst, dich persönlich reflektierst und besser kennenlernst!

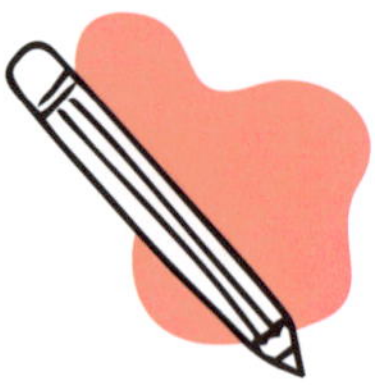

Hast du während der Reflexion deiner Reise-Highlights neue Erkenntnisse gewonnen, die in dein Lernbacklog gehören? Dann nimm diese gleich darin auf!

DEIN REISEABENTEUER ZUR SELBST-ORGANISATION

2. STATION

Nachdem du bei deiner ersten Reisestation eine Art Bestandsaufnahme zum Thema Agilität gemacht hast, spannst du nun den Rahmen größer. Denn bei der zweiten Reisestation wirst du dich näher mit dem Thema Selbstorganisation beschäftigen.

Lass mich kurz erläutern, warum ich für diese Reisestation das Thema Selbstorganisation gewählt habe. Häufig fällt mir auf, dass Selbstorganisation verschiedene Bedeutungen zugesprochen bekommt. Die eine spricht vielleicht von Selbst- und Zeitmanagement, wohingegen der andere von der Abschaffung der Hierarchie, kollegial geführten Unternehmen, modernen Organisationsformen wie Holokratie oder anderen partizipativen Modellen spricht. Besteht jedoch Unklarheit darüber, passiert es leicht, dass Ziele der Selbstorganisation verfehlt werden.

Damit du in Zukunft Klarheit und Orientierung hast, was du unter Selbstorganisation verstehst und wie du Selbstorganisation, selbstorganisierte Teams und Arbeitsweisen fördern kannst, werden wir uns nun gezielt mit folgenden Fragestellungen beschäftigen:

- Was bedeutet Selbstorganisation für dich?
- Was bedeutet Selbstorganisation in Organisationen und Teams?
- Wie lebst du Selbstorganisation?
- Welche Ziele und Trade-offs gibt es beim Thema Selbstorganisation?
- Wie können Teams gut selbstorganisiert arbeiten und was ist dein Beitrag dazu?
- Wieso ist Selbstorganisation in Zusammenhang mit agilem Arbeiten wichtig?

Du wirst dazu angeregt, dir im Detail Gedanken zu machen und weitere Erkenntnisse für dich, deine Arbeit und dein persönliches Wachstum zu gewinnen.

„ES GIBT NUR
ZWEI TAGE IM JAHR,
AN DENEN MAN NICHTS
TUN KANN. DER EINE
IST GESTERN,
DER ANDERE MORGEN.“

DALAI LAMA

TAG 33: GEWINNE ERSTE EINBLICKE IN DIE SELBSTORGANISATION

Hast du dir schon mal genau überlegt, was Selbstorganisation für dich bedeutet? Oder noch besser: Hast du es vielleicht bereits gemeinsam mit deinem Team aufgearbeitet?

Hiermit lade ich dich zu einem ersten kleinen Experiment ein: Frage einfach mal drei bis fünf Kolleg*innen, was sie unter Selbstorganisation verstehen, und notiere die Antworten stichpunktartig hier:

Bist du überrascht, wie viele unterschiedliche Antworten du bekommen hast? Ich finde dieses Experiment besonders spannend, weil es aufzeigt, wie viele Sichtweisen es auf das Thema Selbstorganisation gibt. Damit du Klarheit hast, was Selbstorganisation für dich bedeutet, führen wir diese Übung jetzt mit dir weiter.

Was verstehst du unter Selbstorganisation?

Welche Potenziale erahnst du oder siehst du, wenn du über Selbstorganisation nachdenkst?

An welchen Aspekten der Selbstorganisation kannst du mit Teams arbeiten? Beispielsweise Entscheidungen treffen, Arbeitsweisen definieren oder Rahmen setzen.

Welche individuellen Entwicklungsherausforderungen siehst du dabei?

Was du als Agile Coach machen kannst, ist, den Menschen in der Organisation beim Reflektieren darüber zu helfen, ob die Form der Zusammenarbeit passend ist, und zu erkennen, was sich gegebenenfalls ändern sollte. Auch kann es hilfreich sein, wenn du transparent machst, an welchen Aspekten der Selbstorganisation Teams und Organisationen arbeiten können. Hierbei gibt es nichts Wertvolleres, als sich selbst im Kontext der Selbstorganisation gut zu kennen und seine Haltung tiefgründig zu reflektieren und aufzuarbeiten.

TAG 34: REFLEKTIERE DIE ZIELE DER SELBSTORGANISATION

Hast du schon einmal über die Ziele der Selbstorganisation nachgedacht? Denn wenn wir Organisationen und Teams auf ihrem Weg zur Selbstorganisation unterstützen wollen, kann es hilfreich sein, sich die Ziele dahinter bewusst zu machen. So kannst du Teams und Organisationen nicht nur besser beraten, sondern gemeinsam mit ihnen agil und Schritt für Schritt ein Zielbild mit einer Roadmap entwickeln. Danach kannst du individuelle und maßgeschneiderte Entwicklungsmaßnahmen gestalten und konzeptionieren.

TIPP

Individuelle und maßgeschneiderte Entwicklungsmaßnahmen können beispielsweise Umfragen, Workshops, Seminare, Coachings von Einzelpersonen und Teams, Vorträge, Keynotes, Online-Lerninhalte, »Lunch & Learn«-Formate, Lerninhalte in Ton, Schrift und/oder Videoformat, Podcasts, Co-Creation-Sessions, Konferenzen, Meet-ups und Talkrunden sein.

Wozu sollten Organisationen und Teams selbstorganisiert sein? Liste fünf Ziele auf, die eine Organisation oder ein Team mit der Selbstorganisation erreichen kann:

TAG 35: ARBEITE DEINE GLAUBENSSÄTZE ZU SELBSTORGANISATION AUF

Erinnerst du dich noch? In der ersten Reisestation haben wir deine Glaubenssätze zu Agilität aufgearbeitet. Ähnlich wie bei den Übungen an Tag 4 und 29 arbeiten wir nun deine Glaubenssätze zur Selbstorganisation auf. So kannst du reflektieren, was du eventuell unbewusst über Selbstorganisation verankert hast, und dein Verhalten analysieren. So kannst du schauen, ob das Unbewusste zielführend ist oder eben nicht.

Wenn du an Selbstorganisation denkst, welche Begebenheiten, Momente oder Situationen (sowohl positive als auch negative) fallen dir ein?

Wenn du dir diese Begebenheiten, Momente oder auch Situationen genauer anschaust: Welche Schlüsse kannst du dann aus diesen Assoziationen über Selbstorganisation ziehen?

Schaue dir nun die Antworten der ersten beiden Fragen genauer an: Überlege, welche Glaubenssätze du vielleicht über Selbstorganisation verinnerlicht hast?

Beispiele für Glaubenssätze:

- **Selbststeuerung braucht eine Lernkultur.**
- **Selbstorganisation hat mit der Übernahme und Abgabe von Verantwortung und Verantwortlichkeiten zu tun.**
- **Selbstorganisation braucht ein Wozu, einen Sinn und Zweck.**
- **Selbstorganisation und Selbststeuerung sind dasselbe.**

Was fällt dir auf, wenn du deine Glaubenssätze reflektierst?

Was war dir vorher nicht so bewusst?

TAG 36: ÜBERLEGE DIR BEISPIELE, DIE ANDERE INSPIRIEREN

Was ich dir heute mitgeben möchte, ist Folgendes: viele Momente und Situationen, die dir als Beispiele für Selbstorganisation, selbstorganisierte Teams oder Organisationen einfallen. Denn diese kannst du dann weiter in die Welt tragen, um andere zu inspirieren, ihnen Ideen zu dieser Arbeitsweise zu geben und sie vielleicht auch zu überzeugen. Beispiele verdeutlichen häufig, was wir noch mehr in der Arbeitswelt sehen wollen (oder eben auch nicht) und wie es konkret in der Praxis abläuft. Stell dir vor, dass ich dir das Scrum Framework erkläre. Du bekommst so zwar eine Idee von der Theorie, wenn ich dir aber erzähle, wie das Team wirklich zusammen an der Produktentwicklung arbeitet, bekommst du eine Idee von der Umsetzung des Rahmenwerks. Ganz nach dem Motto:

> »KINDERN ERZÄHLT MAN GESCHICHTEN ZUM EINSCHLAFEN – ERWACHSENEN, DAMIT SIE AUFWACHEN«
>
> **JORGE BUCAY**

Wenn du an Selbstorganisation denkst, welche Beispiele fallen dir zu Selbstorganisation, selbstorganisierten Teams oder Organisationen ein? Egal, ob du sie selbst erlebt, in einem Podcast gehört, in einem Buch gelesen oder erzählt bekommen hast. Notiere diese hier:

Was glaubst du, können andere von diesen Beispielen lernen?

TIPP

An dieser Stelle setze ich mir mal die systemische Brille auf:

Selbstorganisation, im Sinne der Systemtheorie, ist eine Eigenschaft eines sozialen Systems, die dem System innewohnt. In diesem Denken kann keiner einem System befehlen: »Ihr seid jetzt selbstorganisiert!« Auch die Idee »Wir müssen mehr Selbstorganisation fördern!« ergibt aus systemischer Sicht wenig Sinn. Systeme sind stets selbstorganisiert. Wenn wir uns die Frage stellen, was denn ein System selbst organisiert, dann ist die Antwort, dass Systeme von selbst, ganz autonom, eigene Strukturen, Regeln, Muster, Prozesse und Rollen entwickeln, um bestmöglich in den Umwelten des Systems zu überleben. So viel zur Theorie.

In den meisten Fällen geht es aber darum, dass aus Sicht des Managements Teams mehr Entscheidungen treffen sollen, weil sie dadurch schneller, agiler sind und auch weil sie näher am Problem dran sind. Hierfür sollen sie auch Verantwortung übernehmen. Es geht also eher darum, die Selbststeuerung zu verbessern. Dafür kann es sinnvoll sein, sich die Strukturen des Systems anzuschauen, also welche Regeln dort herrschen, welche Muster gerade in Wirkung sind und wie grundsätzlich Kommunikation organisiert ist. Und je nachdem, wie man auf diese Strukturen einwirkt, kann es zu erfolgreichen Veränderungen kommen.

Dieses Wissen, dass Selbstorganisation keine bewusste Entscheidung ist, sondern sowieso immer wirkt, ist wichtig. Dadurch wird klar, dass sich nicht alles steuern lässt – egal, wie viele Workshops gemacht werden. Denn Systeme verhalten sich nicht einfach nach Wunsch, weder von außen noch von innen. An sich braucht Selbstorganisation nichts. Wenn Selbstorganisation etwas braucht, handelt es sich eher um Selbststeuerung! So viel zu unserem kleinen Ausflug in die Systemtheorie.

TAG 37: NIMM DIE PERSPEKTIVE EINER ANDEREN PERSON EIN

Betrachte dich selbst aus der Perspektive einer Person, mit der du heute zusammengearbeitet hast. Wie würde diese Person folgende Frage beantworten:

Was würde die Person zu dir sagen, welche drei prägenden Merkmale es sind, die dich heute in Bezug auf Selbstorganisation ausgemacht haben?

Was würde die Person zu dir sagen, welche Werte und Prinzipien dabei eine besondere Rolle gespielt haben?

Was würde die Person zu dir sagen, woran du dich erinnern solltest, weil es zeigt, wer du als Person bist und was dich bei der Arbeit in Bezug auf Selbstorganisation ausmacht?

Lassen sich bei den letzten Fragen vielleicht schon Items für dein Lernbacklog ableiten? Dann nimm diese am besten gleich mit darin auf!

Versuche, dich wirklich in die andere Person hineinzuversetzen und die Fragen von ihrem Standpunkt aus zu reflektieren. Manchmal hilft es uns, den Blickwinkel anderer Personen einzunehmen, um uns selbst zu reflektieren. Du wirst überrascht sein, welche Erkenntnisse du dadurch gewinnst. Dir fällt es schwer, dich in die Person hineinzuversetzen? Tu so, als ob du mit der Person gemeinsam an einem Tisch sitzt. Schnapp dir beispielsweise ein Bild von der Person und stelle eine Tasse Kaffee oder Tee neben das Bild. Schau das Bild immer wieder an, wenn du über die Fragen nachdenkst, und versuche zu überlegen, was die Person genau sagen würde.

Was würde die Person sagen, wofür solltest du heute besonders dankbar sein?

Erinnere dich gerne auch an dieser Stelle an den Coaching-Tipp zur Dankbarkeit an Tag 5.

Was würde die Person zu dir sagen, was du heute in Bezug auf Selbstorganisation bewirkt hast?

Was würde die Person zu dir sagen, was du heute gelernt hast?

Was würde die Person zu dir sagen, was du in Zukunft mal in Bezug auf Selbstorganisation ausprobieren solltest?

TAG 38: ERKUNDE SELBSTORGANISATIONSBLOCKER

Hast du dir schon mal so richtig bewusst gemacht, welche Probleme oder sogar Blocker es bei der Transformation hin zur Selbstorganisation innerhalb von Teams und Organisationen gibt? Oder aber auch, welche Herausforderungen bestehen, wenn sich immer mehr Kontexte in Organisationen bilden, wo der Effekt der Selbstorganisation massive Folgen für die Organisation hat?

Nein? Dann lass uns bei dieser Übung Selbstorganisationsblocker aus dem Alltag erkunden. So hast du ein Repertoire von Ansatzpunkten, Ideen und Möglichkeiten, an denen du mit den Menschen arbeiten kannst, um Hindernisse, Widerstände und Spannungen bei der Transformation aufzulösen.

Was Organisationen häufig nicht bedenken: Wenn sie in der Aufbauorganisation auf Teams setzen, dann ergeben sich ganz viele kleine, neue Systeme, die ihre eigenen Strukturen und Logiken entwickeln (eben weil selbstorganisiert). Und diese Architektur, bestehend aus kleinen Systemen in Form von Teams, ist weit weg von dem, was die Organisation zuvor gewohnt war. Berücksichtige dieses Wissen gerne beim Ausfüllen dieser Übung!

Welche Hürden, Herausforderungen und Risiken siehst du, wenn du über selbstorganisierte(re) Organisations- und Führungsmodelle oder Teams nachdenkst? Also welche Nachteile entstehen grundsätzlich durch Selbstorganisation und weniger dadurch, dass jemand den Schalter umlegt und es nun heißt: Wir sind selbstorganisiert.

Wieso kommt es zu diesen Herausforderungen, Risiken oder Hürden?

Wie trägst du vielleicht unbewusst zu diesen Risiken, Herausforderungen und Hürden bei?

Was brauchen die Menschen, um die von dir genannten Herausforderungen, Risiken oder Hürden zu bewältigen?

Welche Chancen verpasst ihr eventuell, basierend auf diesen Risiken, Herausforderungen und Hürden?

Was kannst du in deiner Rolle tun, um der Organisation oder den Teams beizustehen und die Transformation zu fördern?

TAG 39: REFLEKTIERE, WIE DU MIT DER KOMPLEXITÄT DEINES TEAMS UMGEHST

Erinnerst du dich noch an die Coaching-Tipps von Tag 36 und 38? Dort hatten wir einen kurzen Ausflug in die Systemtheorie gemacht: Systeme verhalten sich nicht einfach nach Wunsch. Das kann eine ungeheure Komplexität mit sich bringen. Schreib in dieser Übung deine Gedanken auf, wie du mit der Komplexität deines Teams und deiner Organisation umgehst, damit du künftig weißt, wie du handeln kannst und worauf du achten solltest.

Wie gehst du mit der Komplexität deines Teams und deiner Organisation um?

Wie gehst du damit um, dass Systeme sich nicht einfach steuern lassen?

Wie geht das Team, die Organisation oder auch das Management damit um?

Wie kannst du einen idealen Umgang damit finden, wenn Systeme anders handeln, als wir uns wünschen oder erwartet haben? Wie kannst du Menschen in Organisationen dabei unterstützen?

Und was bedeutet das für dich, dass Systeme dynamisch und immer wieder für Überraschungen gut sind?

TAG 40: GEHE MIT SELBSTORGANISATIONSBLOCKERN UM

Bei der vorigen Übung hast du Hürden, Risiken und Selbstorganisationsblocker gesammelt. In dieser Übung reflektierst du, wie du genau vorgehst, um diesen Herausforderungen zu begegnen. Denn es ist wichtig, dass wir uns unsere Erfolge bewusst machen, beispielsweise indem wir sie aufschreiben. Hier meine ich nicht die großen Erfolge, sondern die kleinen Schritte und Fortschritte, die wir erzielen. Denn so gewinnen sie an Bedeutung, geben uns Energie, lassen uns weitermachen und uns positiv auf Situationen blicken. Zudem wirst du mit dieser Übung noch mal deine Stärken herausfinden, mit denen du diese kleinen Erfolge erzielst.

Finde drei bis fünf Szenarien und schreibe auf, wie du vorgegangen bist, um Situationen, Hürden, Herausforderungen oder Risiken bei einer Transformation zu meistern und wo du echte Erfolge erzielt hast:

Analysiere die Szenarien und notiere dir wirklich alles, was du in diesen Situationen gemacht hast: Wie bist du vorgegangen? Welche Stärken, Charaktereigenschaften und Methoden hast du eingesetzt, um die Herausforderungen zu lösen oder zu minimieren? Welche Schritte bist du gegangen?

Welche neuen Erkenntnisse hast du durch diese Übung gewonnen? Hast du vielleicht Neigungen oder Talente entdeckt, die dir vorher so noch nicht bewusst waren? Notiere diese hier:

TAG 41: DU IN DER SELBSTORGANISATION

Je mehr du dich mit dir selbst beschäftigst, desto mehr wird dir bewusst werden, wie du als Person in agilen oder selbstorganisierten Kontexten wirkst. Wie wäre es für dich, wenn du dabei ganz automatisch all deine Stärken wahrnimmst oder auch merkst, wo du noch Potenziale hast? Mit Reflexion kannst du genau darauf hinarbeiten, und diese Übung wird dir dabei helfen. Denn wie wertvoll ist es, unsere Stärken zu kennen und diese gezielt zu nutzen, um Teams und Organisationen weiterzubringen? Oder aber auch unsere Potenziale zu entdecken, um selbst nach Hilfe und Rat zu fragen?

In Kontexten, in denen Selbstorganisation eine relevante Perspektive ist …

… bringe ich folgende Stärke zum Wohle aller mit …

… würde ich mich möglicherweise schwer tun mit …

… fülle ich eine Lücke innerhalb von Teams oder Organisationen am ehesten mit …

… sehe ich mich am ehesten in der Rolle …

Diese Übung ist auch effektiv, wenn du sie in kleinen Gruppen durchführst und ihr euch gegenseitig wertschätzend Feedback zu euren Antworten gebt. Oft sehen andere Menschen noch mal andere Stärken und Potenziale, deren wir uns selbst gar nicht so bewusst sind. Mit dieser Übung könnt ihr gemeinsam neue Erkenntnisse sammeln und euch gegenseitig weiterbringen!

ZWISCHENSTOPP: BEFÜLLE DEIN LERNBACKLOG

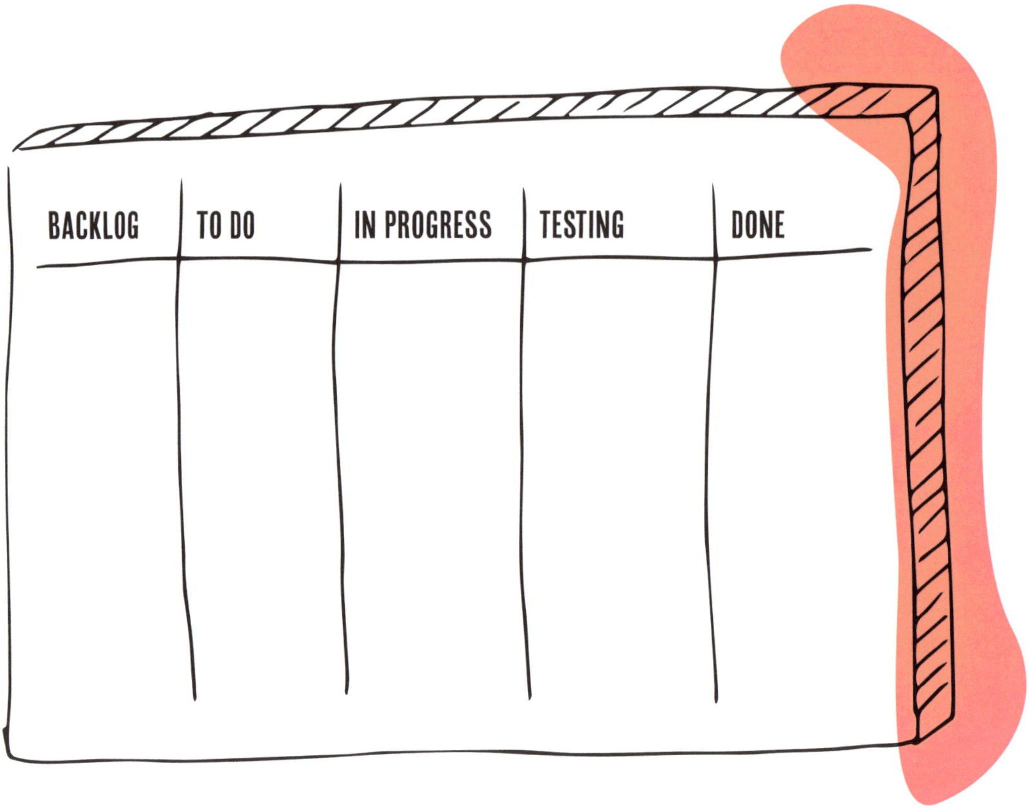

Welche weiteren Impulse hast du durch deine Agile Reise bekommen? Nimm dir heute bewusst Zeit, diese Fragestellung zu reflektieren.

Hast du konkrete To-dos innerhalb der letzten Tage deines Selbstcoachings für dein persönliches Wachstum identifiziert? Dann nimm diese mit in dein Lernbacklog auf. Dort kannst du sie priorisieren, weiter definieren und ordnen.

Du hast keine Idee, wie so ein Eintrag in dein Lernbacklog aussehen kann? Dann schau dir den ersten Zwischenstopp an, an dem du dein Lernbacklog befüllt hast. Dort findest du Vorschläge und Beispiele.

TAG 42: REFLEKTIERE DEINEN UMGANG MIT KRITIKER*INNEN

Natürlich schreien nicht alle juhu, wenn es um Selbstorganisation geht. Stell dir bei dieser Übung vor, dass du auf eine Kritikerin triffst, die argumentiert, dass es in einer selbstorganisierten Umgebung an klarer Führung und Hierarchie fehlt, was zu Unentschlossenheit im Team führt. Auch argumentiert sie, dass es schwierig ist, Verantwortung und Kontrolle in einer selbstorganisierten Umgebung aufrechtzuerhalten, was zu fehlender Effizienz führt.

Überlege nun, wie du mit diesen Kritiker*innen umgehst und zusammenarbeitest:

TAG 43: FINDE COACHINGTECHNIKEN, UM SELBSTORGANISATION ZU FÖRDERN

Als Agile Coach fördern wir eine bessere Selbstorganisation innerhalb von Teams. Lass uns deshalb Coachingtechniken überlegen, die uns dabei helfen, dies zu erreichen.

Nenne zwei Coachingtechniken, die Selbstorganisation fördern können. Gerne auch mehr als zwei:

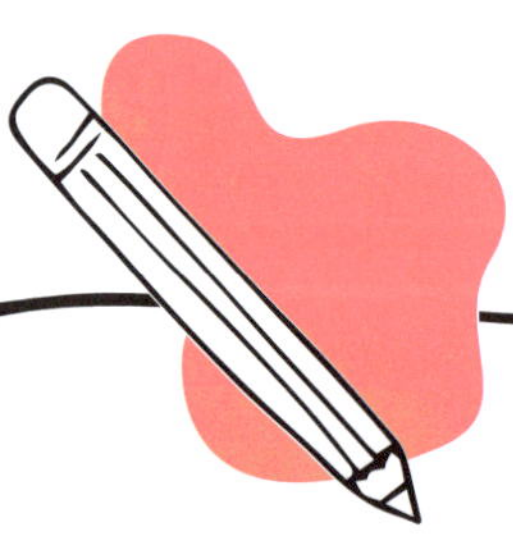

Du hast keine Idee? Dann scanne diesen QR-Code und schaue dir den Ted Talk von Dan Pink über die überraschende Wissenschaft der Motivation an [13]:

https://tinyurl.com/Wissenschaft-der-Motivation

TAG 44: REFLEKTIERE ÜBER TRADE-OFFS DER SELBSTORGANISATION

Mache dir in dieser Übung die Trade-offs von Selbstorganisation bewusst. So kannst du auch Menschen abholen, die diese Arbeitsweise eher kritisch betrachten. Denn es zeigt auf, dass du dich nicht nur mit einem Idealbild befasst, sondern auch mit den Trade-offs und diese bei deiner Arbeit berücksichtigst. So kannst du auch Kritiker*innen empathisch begegnen und ihre Sichtweisen integrieren.

Welche Trade-offs fallen dir in Bezug auf Selbstorganisation ein?

Worauf sollten deswegen Organisationen und Teams achten?

Scanne den QR-Code. In diesem Kurzvideo nenne ich dir einige Ziele und Trade-offs:

https://deine-agile-reise.de/ziele-und-tradeoffs/

TAG 45: FÖRDERE PARTIZIPATION

In den nächsten neun Tagen reflektieren wir, welche Impulse du setzen kannst, um die Selbstorganisation von Teams und Organisationen zu unterstützen. Da Selbstorganisation viel mit Partizipation, Autonomie, Entscheidungen, Verantwortung, Engagement, Selbstreflexion, Selbststeuerung, Umgang mit Unsicherheit und Komplexität zu tun hat, schauen wir uns diese Themen genauer an.

Was verstehst du unter Partizipation?

Was hat Partizipation mit Selbstorganisation zu tun? Hat es überhaupt etwas mit Selbstorganisation zu tun?

Welche Relevanz hat Partizipation für Teams?

Wie hilfst du, Menschen und Teams zu partizipieren?

Was ist deine Erfolgsgeschichte, die widerspiegelt, wie du Partizipation in Teams oder Organisationen erreicht hast?

Was gelingt dir dabei besonders gut?

Was kannst du als kleines Experiment in deinem Team ausprobieren, um die Partizipation zu fördern?

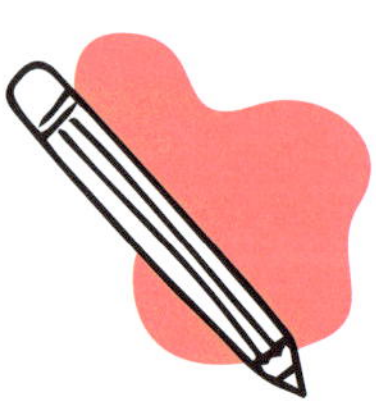

Nutze gerne den Experimente-Canvas von Tag 13, um deine Vorhaben zu formulieren. Nimm dieses Experiment dann in dein Lernbacklog auf!

Was kann dich daran hindern, dieses Experiment durchzuführen?

Was lässt dich trotzdem glauben, dass du es machst?

Was ist dein nächster Schritt, um das Experiment anzugehen?

TAG 46: TRAGE ZUR AUTONOMIE BEI

Überlege heute, wie Selbstorganisation und Autonomie zusammenhängen.

Was verstehst du unter Autonomie?

Wie zahlt Autonomie auf Selbstorganisation ein? Zahlt es überhaupt darauf ein?

Welche Relevanz hat Autonomie für Teams?

Wie hilfst du Menschen und Teams, autonomer zu werden?

Was ist deine Erfolgsgeschichte, die widerspiegelt, wie du Autonomie in Teams oder Organisationen gefördert hast?

Was gelingt dir dabei besonders gut?

TAG 47: UNTERSTÜTZE ENTSCHEIDUNGSFINDUNGSPROZESSE

Hast du schon die Tage 45 und 46 reflektiert? Dann lass uns heute schauen, was Entscheidungen mit Selbstorganisation zu tun haben.

Was verstehst du unter Entscheidungen?

Was hat das Treffen von Entscheidungen mit Selbstorganisation zu tun? Hat es überhaupt etwas damit zu tun?

Welche Relevanz hat das Treffen von Entscheidungen für Teams?

Wie hilfst du Menschen und Teams, Entscheidungen zu treffen?

Was ist deine Erfolgsgeschichte, die widerspiegelt, wie du das Treffen von Entscheidungen in Teams oder Organisationen förderst?

Was gelingt dir dabei besonders gut?

Auf einer Skala von 1 (gar nicht) bis 10 (sehr gut), wie gut kannst du selbst Entscheidungen treffen?

Woran machst du diesen Skalenwert fest?

Was müsste passieren, damit du einen Skalenpunkt höher kommst?

Was möchtest du dafür in Bezug auf das Treffen von Entscheidungen ausprobieren? Was kann ein kleines Experiment sein?

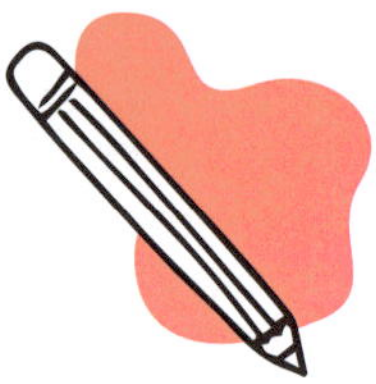

Nimm dieses Experiment als Vorhaben in dein Lernbacklog auf!

Was kann dich daran hindern, dieses Experiment auszuprobieren?

Was lässt dich trotzdem glauben, dass du es machst?

Was ist dein nächster Schritt, um das Experiment anzugehen?

TAG 48: ANALYSIERE VERANTWORTUNG

Reflektiere heute, was Selbstorganisation mit Verantwortung zu tun hat.

Was verstehst du unter Verantwortung?

Was hat Verantwortung mit Selbstorganisation zu tun? Hat sie überhaupt etwas damit zu tun?

Wie hilfst du Menschen und Teams, Verantwortung zu übernehmen?

Was ist deine Erfolgsgeschichte, die widerspiegelt, wie du Teams oder Organisationen dabei hilfst, Verantwortung zu übernehmen?

Was gelingt dir dabei besonders gut?

Was kannst du als kleines Experiment in deinem Team ausprobieren, um die Verantwortungsübernahme zu fördern?

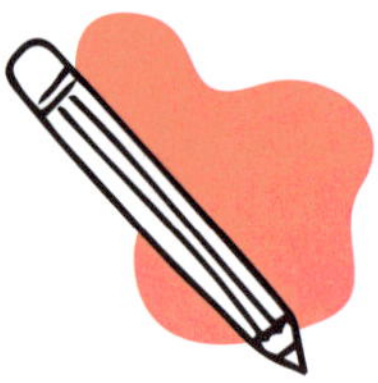

Nimm dieses Experiment als Vorhaben in dein Lernbacklog auf!

Was kann dich eventuell daran hindern, dieses Experiment auszuprobieren?

Was lässt dich trotzdem glauben, dass du es machst?

Was ist dein nächster Schritt, um das Experiment anzugehen?

TAG 49: FÖRDERE ENGAGEMENT

Lass uns heute schauen, wie Selbstorganisation und Engagement zusammenhängen.

Was verstehst du unter Engagement?

Was hat Engagement mit Selbstorganisation zu tun? Hat es überhaupt etwas damit zu tun?

Welche Relevanz hat Engagement für Teams?

Wie hilfst du Menschen und Teams, mit Engagement dabei zu sein?

Was ist deine Erfolgsgeschichte, die widerspiegelt, wie du Engagement in Teams oder Organisationen förderst?

Was gelingt dir dabei besonders gut?

Was kannst du als kleines Experiment in deinem Team ausprobieren, um das Engagement zu fördern?

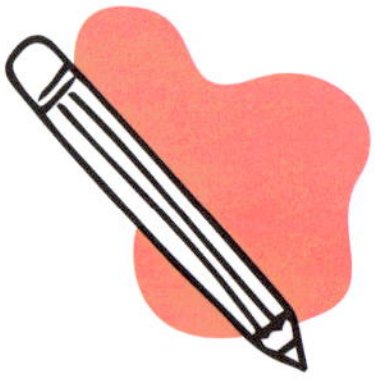

Nimm dieses Experiment als Vorhaben in dein Lernbacklog auf!

Was kann dich daran hindern, dieses Experiment auszuprobieren?

Was lässt dich trotzdem glauben, dass du es machst?

Was ist dein nächster Schritt, um das Experiment anzugehen?

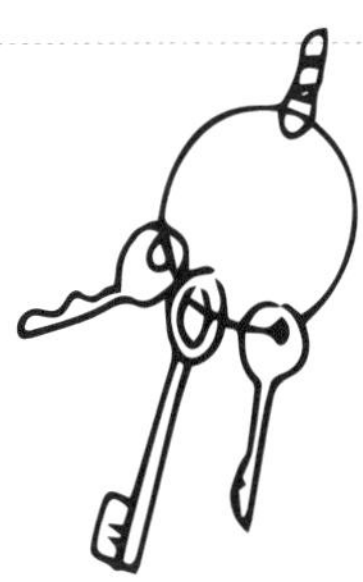

ZWISCHENSTOPP: REFLEKTIERE DEIN WUNDER

Bist du deinem Wunder schon einen Schritt nähergekommen?

Wer kann dir bei der Erreichung helfen?

Wer hat dein Wunder schon erreicht, an dem*der du dir ein Beispiel nehmen könntest?

Was wäre ein nächster Schritt in Richtung deines Wunders?

Was kannst du diese Woche noch dafür tun?

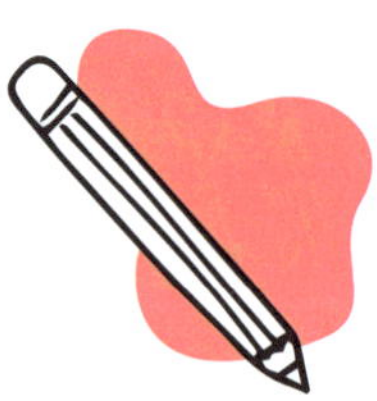

Nimm deine Erkenntnisse mit in dein Lernbacklog auf!

TAG 50: ÜBERDENKE SELBSTREFLEXION

Hast du schon die Tage 45 bis 49 reflektiert? Dann lass uns heute schauen, wie Selbstorganisation und Selbstreflexion zusammenhängen.

Was verstehst du unter Selbstreflexion?

Was hat Selbstreflexion mit Selbstorganisation zu tun? Hat es überhaupt etwas damit zu tun?

Welche Relevanz hat Selbstreflexion für Teams?

Wie hilfst du Menschen und Teams dabei, zu reflektieren?

Was ist deine Erfolgsgeschichte, die widerspiegelt, wie du Selbstreflexion in Teams oder Organisationen unterstützt?

Was gelingt dir dabei besonders gut?

Was kannst du als kleines Experiment in deinem Team ausprobieren, um die Selbstreflexion zu fördern?

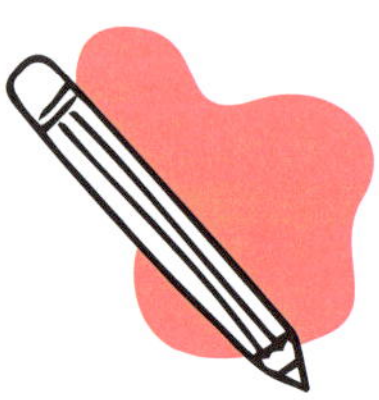

Nimm dieses Experiment als Vorhaben in dein Lernbacklog auf!

Was kann dich daran hindern, dieses Experiment auszuprobieren?

Was lässt dich trotzdem glauben, dass du es machst?

Was ist dein nächster Schritt, um das Experiment anzugehen?

TAG 51: MACH DIR GEDANKEN ZUR SELBSTSTEUERUNG

Lass uns heute schauen, was Selbstorganisation mit Selbststeuerung zu tun hat. Oder eben nicht.

Was verstehst du unter Selbststeuerung?

Was hat Selbststeuerung mit Selbstorganisation zu tun? Hat es überhaupt etwas damit zu tun?

Welche Relevanz hat Selbststeuerung für Teams?

Wie hilfst du Menschen und Teams in Bezug auf ihre Selbststeuerung?

Was ist deine Erfolgsgeschichte, die widerspiegelt, wie du Selbststeuerung in Teams oder Organisationen förderst?

Was gelingt dir dabei besonders gut?

Wo siehst du momentan noch Potenziale bei deinem Team in Bezug auf Selbststeuerung?

Wie kannst du deinem Team dabei helfen, diese Potenziale auszuschöpfen?

TAG 52: REFLEKTIERE DEN UMGANG MIT UNSICHERHEIT

Hast du schon die letzten 8 Tage reflektiert? Dann lass uns heute schauen, was Selbstorganisation mit dem Umgang von Unsicherheiten zu tun hat.

Was verstehst du unter dem Umgang mit Unsicherheiten?

Was hat der Umgang mit Unsicherheit mit Selbstorganisation zu tun? Hat es überhaupt etwas damit zu tun?

Welche Relevanz hat der Umgang mit Unsicherheiten für Teams?

Wie hilfst du Menschen und Teams beim Umgang mit Unsicherheit?

Was ist deine Erfolgsgeschichte, die widerspiegelt, wie du den Umgang mit Unsicherheiten in Teams oder Organisationen förderst?

Was gelingt dir dabei besonders gut?

Auf einer Skala von 1 (gar nicht) bis 10 (sehr gut), wie gut gehst du mit Unsicherheiten um?

Woran machst du diesen Skalenwert fest?

Was müsste passieren, damit du einen Skalenpunkt höher kommst?

Was möchtest du in Bezug auf den Umgang mit Unsicherheiten ausprobieren? Was könnte ein kleines Experiment sein?

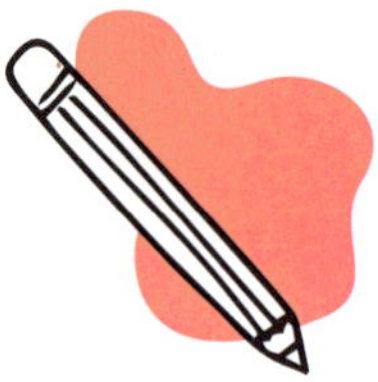

Nimm dieses Experiment als Vorhaben in dein Lernbacklog auf!

Was kann dich daran hindern, dieses Experiment auszuprobieren?

Was lässt dich trotzdem glauben, dass du es machst?

Was ist dein nächster Schritt, um das Experiment anzugehen?

TAG 53: MACH DIR GEDANKEN ZU KOMPLEXITÄT

Lass uns heute schauen, was Selbstorganisation mit Komplexität zu tun hat.

Was verstehst du unter Komplexität?

Was hat Komplexität mit Selbstorganisation zu tun? Hat es überhaupt etwas damit zu tun?

Welche Relevanz hat der Umgang mit Komplexität für Teams?

Wie hilfst du Menschen und Teams dabei, mit Komplexität umzugehen?

Was ist deine Erfolgsgeschichte, die widerspiegelt, wie du den Umgang mit Komplexität in Teams oder Organisationen förderst?

Was gelingt dir dabei besonders gut?

TAG 54: SCHAFFE DIE RAHMENBEDINGUNGEN FÜR EINE ERFOLGREICHE SELBSTORGANISATION

Ein System ist komplex. Es ist so unendlich vielen unterschiedlichen Bedürfnissen, Anforderungen und Zwängen von innen und außen ausgesetzt, die können wir gar nicht alle reflektieren und beleuchten. Zumal sich während der Reflexion das System womöglich schon wieder geändert hat. Wie beim Fußballspiel sind sich alle Spieler*innen auf dem Platz zwar einig, was passieren muss und dass sie vielleicht besser spielen müssen, aber das passiert nicht automatisch. Und es ändert sich innerhalb von Minuten einiges auf dem Spielfeld. Am Ende ist es der Umgang und das Leben mit Komplexität. Bei diesem Umgang hilft ein bewusster Austausch genau darüber, auch wenn dies kein Garant für Erfolg ist. Auch können wir nur die Dinge verändern, die uns bewusst sind und bei denen wir bereit sind, ehrlich hinzuschauen. Dabei geht es nicht um gut oder schlecht, richtig oder falsch, sondern einzig um die Frage: Ist das, was wir gerade unter Selbstorganisation ausüben, wirklich das, was wir möchten und was uns weiterbringt?

In dieser Übung erarbeiten wir, was du dafür tun kannst, um Rahmenbedingungen für eine erfolgreiche Selbstorganisation zu schaffen – wie sie innerhalb deiner Organisation und in deinen Kontext passt. Du erkennst damit, ob ihr grundlegende Dinge besprecht und thematisiert.

Wie stellst du ein Verständnis von Selbstorganisation innerhalb von Teams her, das von allen getragen wird?

Wie schulst du Teams im Bereich Selbstorganisation?

Wie legt ihr gemeinsam Ziele und Arbeitsweisen fest, beispielsweise Aufgaben und Verantwortlichkeiten, Prozesse für die Zusammenarbeit oder Rollen?

Wie coachst du die Menschen in Bezug auf diese Ziele, Arbeitsweisen, Aufgaben, Prozesse oder Rollen?

Wie beziehst du Betroffene mit in den Prozess der Meinungsbildung ein (Teammitglieder, Vorgesetzte, Manager*innen oder unterstützende Stellen)?

Spannend ist in der Rolle des Coaches die Auftragsklärung und damit der Umgang mit Erwartungen:

- Wie viel Autonomie/Selbststeuerung eines Teams ist gewünscht?
- Was darf das Team entscheiden und was nicht?
- Welche Erwartungen hat das Management?
- Welche positiven und negativen Erfahrungen gibt es bereits?
- Was wird von dir vom Management und dem Team erwartet? Was sollst du tun?

Wie definiert ihr den Rahmen, innerhalb dessen die Teams sich selbst organisieren können?

Bei Transformationen: Wie gehst du mit Mitarbeitenden um, deren Funktion vielleicht sogar überflüssig wird?

Wie gehst du mit alten Dingen um, beispielsweise überflüssig gewordenen Regeln?

Fasse deine wichtigsten Erkenntnisse aus dieser Aufgabe zusammen, indem du deine persönliche Checkliste erstellst: Welche Rahmenbedingungen schaffst du für eine erfolgreiche Selbstorganisation und was tust du konkret, damit Selbstorganisation wirklich im Team und der Organisation verinnerlicht wird?

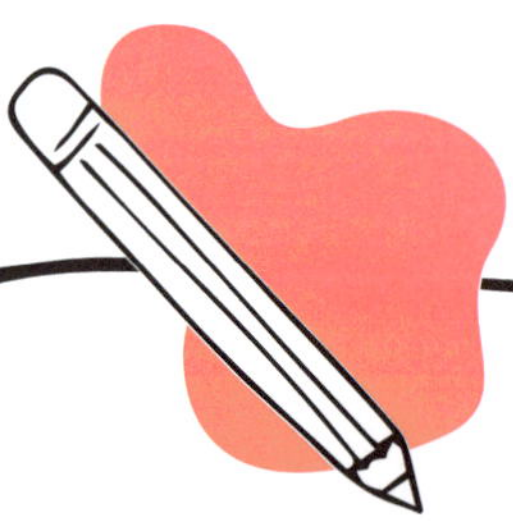

TAG 55: REFLEKTIERE DIE BEDEUTUNG VON FÜHRUNG

Agilität, Teamentwicklung, Selbstorganisation, -management und Führung sind eng miteinander verknüpft. Reflektiere deshalb heute, welche Rolle Führung in agilen Kontexten spielt. Beleuchte hierfür folgende Fragen:

Was bedeutet Führung für dich in agilen Kontexten?

Was macht für dich gute Führung aus?

Welchen Führungsstil benötigen Selbstorganisation und Selbstmanagement?

Inwiefern nimmst du als Agile Coach eine Führungsrolle ein? Tust du es überhaupt?

Wie soll sich Führung für dich als Agile Coach anfühlen?

Eines meiner Lieblingsbücher zum Thema Führung ist »Führen mit Hirn« von Purps-Pardigol:

https://tinyurl.com/fuehren-mit-hirn

TAG 56: ÜBERLEGE, WIE DU EIN AGILES TEAM BEI HERAUSFORDERUNGEN UNTERSTÜTZT

Denke nun an ein fiktives oder reales selbstorganisiertes Team: Beschreibe bei dieser Übung, wie dieses selbstorganisierte Team drei Herausforderungen angeht, die während einer Retrospektive aufkommen können. Bedenke hierbei auch, wie du das Team in deiner Rolle als Agile Coach bei diesen Herausforderungen unterstützen kannst.

TAG 57: GEWINNE ERKENNTNISSE ÜBER SELBSTORGANISIERTE TEAMS

Notiere alles, was dir zur Frage »Was braucht ein Team für gelungene Selbstorganisation?« einfällt. Befülle hierfür den Rucksack, sodass du auf deiner weiteren Reise immer eine Übersicht hast, was Elemente einer gelungenen Teamarbeit sind. Dies wird dir Anknüpfungspunkte bieten, an denen du gemeinsam mit einem Team arbeiten kannst.

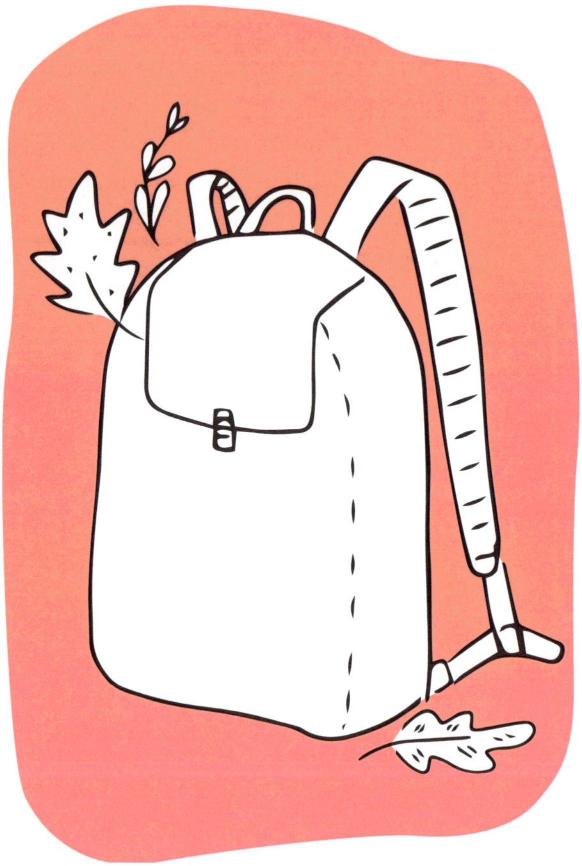

TIPP

Macht diese Übung gemeinsam im Team und bearbeitet die Fragestellung »Was brauchen wir als Team für eine gelungene Selbstorganisation?«. Du kannst beispielsweise ein Flipchart vorbereiten, auf das du die Umrisse eines Rucksacks malst. Ihr könnt dann eure Antworten auf Klebezettel schreiben und den Rucksack so gemeinsam befüllen. Außerdem könnt ihr überlegen, wie ihr diese gelungene Selbstorganisation im Team erreicht, was jede*r dafür braucht und beitragen kann. Das Flipchart könnt ihr als Erinnerung im Büro aufhängen.

TAG 58: DEINE REPORTAGE ÜBER SELBSTORGANISATION

Lass uns nun die Reisestation 2 in deinen eigenen Worten zusammenfassen. Dafür machen wir ein kleines Gedankenexperiment: Stell dir vor, du würdest ein YouTube-Video über Selbstorganisation machen.

Was würdest du den Leuten erzählen, ...

... wer du bist...

... und inwiefern du Selbstorganisation wichtig findest.

... inwiefern für dich Werte bei der Selbstorganisation von Bedeutung sind.

... inwiefern du ein Vorbild für Selbstorganisation sein möchtest oder bist.

... welche Power du in der Selbstorganisation einbringst.

REISE-HIGHLIGHTS: DEINE LEARNINGS DER ZWEITEN REISESTATION

Wow! Was für entdeckungsreiche Tage, oder?

Mache in dieser letzten Übung der zweiten Reisestation eine Art Review: Denke hierfür über deinen bisherigen Fortschritt, den Stand und nächste Entwicklungsschritte des Selbstcoachings nach. Zur Hilfestellung für dieses Review habe ich dir ein Aha-Sheet zusammengestellt, mit dem du über deine Aha-Momente nachdenken kannst.

Behalte hierfür gerne das Motto »Change it, love it or leave it!« im Hinterkopf. Denn es kann sein, dass du vielleicht gar keine Entwicklungsschritte siehst und einfach vollkommen zufrieden mit dir selbst bist. Das ist auch völlig okay!

Wie würdest du deine zweite Reisestation mit drei Worten zusammenfassen?

Was sind deine größten Aha-Momente, neue Erkenntnisse, Impulse oder Ideen zur weiteren Entwicklung? Welche Möglichkeiten warten auf dich?

Wo willst du noch wachsen? Wo darfst du etwas ändern? Oder wo ist bereits schon alles so, wie du es haben willst?

Nimm deine Ideen auch in dein Lernbacklog auf, sodass du deine Vorhaben in einer geordneten Liste hast, die du in Zukunft pflegen, weiter spezifizieren und priorisieren kannst.

Denke nun kurz über deine Stärken und Besonderheiten nach, die du in der zweiten Reisestation entdeckt hast: Welche drei Schätze trägst du bereits in dir?

Und jetzt ganz allgemein: Was sind deine drei wichtigsten Erkenntnisse aus der zweiten Reisestation, die du nicht vergessen willst. Notiere dir diese hier:

1.

2.

3.

Mit diesen neuen Erkenntnissen und Ahas gehen wir jetzt auf die weitere Reise. Bleib dran!

Schon beim Aufschreiben und Reflektieren unserer Gedanken und Learnings kann ganz viel Klarheit und Neues entstehen. Nimm dir auch gerne noch mal Zeit, dir persönlich Danke zu sagen, dass du gerade dieses Selbstcoaching machst, dich persönlich reflektierst und besser kennenlernst!

3. STATION

DEINE REISE ZUR EIGENEN IDENTITÄT ALS COACH

Innerhalb der letzten Reisestation hast du dich intensiv mit dem Thema Selbstorganisation beschäftigt. Bei der dritten Reisestation wirst du nun genug Zeit haben, deine eigene Identität als Agile Coach zu erarbeiten. Denn das Coaching agiler Teams erfordert nicht nur Hard Skills, sondern auch Soft Skills und Wissen darüber, wie wir als Agile Coaches coachen und Organisationen, Teams und Menschen bestmöglich unterstützen.

Und je mehr du dich mit dir selbst beschäftigst, desto mehr wird dir bewusst, wie du bei der Arbeit vorgehst und wie du Änderungen begleitest oder gerne begleiten möchtest. Hierbei reicht es als Agile Coach leider nicht aus, den Menschen zu zeigen, wie sie agil sind. Damit es wirklich agil wird, müssen sie die Art und Weise, wie sie arbeiten und denken, ändern [14]. Das geht damit einher, dass vielleicht Gewohnheiten und Glaubenssätze auf den Prüfstand gestellt, abgelegt und verlernt werden müssen, wenn sie nicht mehr dienlich sind. Und diese Begleitung erfordert viel Bewusstsein darüber, wie wir als Agile Coaches vorgehen, was von uns erwartet wird und was erreicht werden soll.

Deshalb beschäftigen wir uns in dieser Reisestation tiefgründig mit uns selbst und folgenden Fragestellungen:

- Wer bist du als Agile Coach?
- Wie ist deine Gebrauchsanleitung?
- Welche Werte lebst du und sind dir bei deiner Arbeit wichtig?
- Welche Besonderheiten bringst du mit?
- Welche Stärken und Power hast du?
- Wie ist deine Coaching-Einstellung?
- Welche Erwartungen hast du an dich als Agile Coach?
- Welche Erwartungen haben andere an dich?
- Wie sieht deine berufliche Vision aus?
- Wo stehst du gerade in Bezug auf deine Vision?
- Wie kannst du dich dorthin entwickeln?

Sei gespannt, welche Erkenntnisse du innerhalb der dritten Reisestation für dich und dein Wachstum entdecken wirst!

Natürlich dreht sich die Welt weiter, und dein Umfeld verändert sich höchstwahrscheinlich auch regelmäßig. Außerdem sammelst du neue Erfahrungen und lernst neue Dinge dazu. Genau deshalb lohnt es sich, die Übungen der dritten Reisestation regelmäßig zu wiederholen und zu reflektieren, was sich geändert hat.

„WENN WIR ALLES TÄTEN, WOZU WIR IMSTANDE SIND, WÜRDEN WIR UNS WAHRSCHEINLICH INS ERSTAUNEN VERSETZEN."

THOMAS ALVA EDISON

TAG 59: ENTDECKE DEINE AGILE-COACH-KOMPETENZEN

Bei dieser Aufgabe nehmen wir uns besonders viel Zeit für dich, um deine Agile-Coach-Kompetenzen aufzuarbeiten. So kannst du herausfinden, welchen Beitrag du persönlich leistest und welche Fähigkeiten und Eigenschaften du dabei einbringst.

Welche Top-3-Fähigkeiten setzt du in deiner aktuellen Funktion ein?

Wo wirst du häufig von anderen beim Agile Coaching angefragt?

Über welche für dich selbstverständlichen Sachen beschwerst du dich häufig bei anderen?

Was würdest du am liebsten den ganzen Tag machen? Wobei kommst du so richtig in den Flow?

Was fällt dir leichter als anderen Agile Coaches? Zu welchen Fähigkeiten bekommst du am meisten positives Feedback?

Welche Headline, welches Motto, Bild oder Symbol fällt dir zu deiner jetzigen Situation und Professionalität ein? Falls dir ein Bild einfällt, dann schnappe dir bunte Stifte und male es hier:

Die Fragen zielen alle eher indirekt auf deine Kompetenzen. Denn oft kitzeln solche indirekten Fragen neue oder andere Antworten hervor als direkte. Du kennst sicher den Spruch: Wer gute Fragen stellt, bekommt gute Antworten!

TAG 60: STELLE DIR VOR, DU MACHST EINE AUFTRAGSKLÄRUNG

Damit wir unseren Job als Agile Coach gut ausüben können, braucht es eine gute Auftragsklärung. So können wir Erwartungen und Verantwortungen klären, Klarheit und Orientierung schaffen, Herausforderung und Ziele besprechen oder einfach die Qualität während unserer Arbeit sicherstellen, das Ende der Beziehung festlegen, eine gute Arbeitsbeziehung fördern oder auch Dienstleistungen und Vorgehen abstecken. Genau genommen ist eine gute Auftragsklärung die sprichwörtliche halbe Miete für unsere Arbeit. Daher beschäftigen wir uns heute mit dem Thema Auftragsklärung.

Folgende Kontexte kannst du zu Beginn deiner Arbeit klären:

- Was ist das Problem, die Herausforderung?
- Was ist das Ziel, was möchten du, das Team oder die Organisation erreichen?
- Was kannst du, das Team oder die Organisation dazu beitragen?
- Wer ist dein*e Auftraggeber*in?

Stelle dir nun vor, dass du eine agile Transformation begleiten sollst und du mit deiner Auftraggeberin, die Head of Digital Transformation ist, eine Auftragsklärung über die Begleitung machst. Notiere dir, wie du vorgehen würdest und alle Fragen, die du der Auftraggeberin dafür stellen würdest:

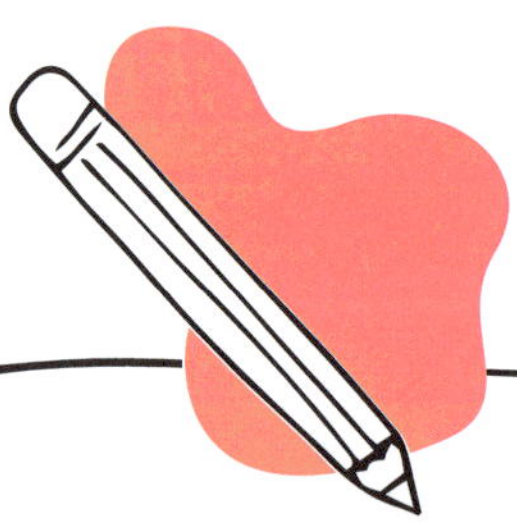

Erstelle dir nun ein Fragenset mit deinen Lieblingsfragen, die du immer bei Auftragsklärungsgesprächen stellen kannst:

`Du hast keine Idee für Fragen? Dann scanne diesen QR-Code. Dort verrate ich dir einiges:`

`https://deine-agile-reise.de/auftragsklaerung/`

TAG 61: DEINE STÄRKEN ALS AGILE COACH

In den letzten Übungen sind wir indirekt, durch gezielte systemische Fragestellungen, darauf eingegangen, welche Fähigkeiten und Eigenschaften du hast. In dieser Übung kristallisieren wir noch mal ganz besonders deine Power und Stärken als Agile Coach heraus, indem wir dein Stärkenprofil mit deinen Top-5-Stärken erstellen.

Reflektiere dafür noch einmal die Übung von Tag 59 aus der Reisestation 3. Nimm dir hierfür einen Stift und markiere alle Stärken, die dir beim Durchlesen auffallen.

Behalte hierfür folgende Fragen im Hinterkopf:

* Welche deiner Stärken unterstützen dich in deiner Rolle?
* Welche deiner Stärken unterstützen dich, um Menschen, Teams oder Organisationen dabei zu unterstützen, erfolgreich agil zu sein und werteorientierte Ergebnisse zu liefern?
* Welche deiner Stärken unterstützen dich, um erfolgreich Veränderungsprozesse zu begleiten?

Übertrage deine Erkenntnisse hierher:

1. Stärke:

Die Stärke machst du an Folgendem fest:

Du hast diese Stärke in folgender Situation unter Beweis gestellt:

2. Stärke:

Die Stärke machst du an Folgendem fest:

Du hast diese Stärke in folgender Situation unter Beweis gestellt:

3. Stärke:

Die Stärke machst du an Folgendem fest:

Du hast diese Stärke in folgender Situation unter Beweis gestellt:

4. Stärke:

Die Stärke machst du an Folgendem fest:

Du hast diese Stärke in folgender Situation unter Beweis gestellt:

5. Stärke:

Die Stärke machst du an Folgendem fest:

Du hast diese Stärke in folgender Situation unter Beweis gestellt:

TAG 62: DU BEIM COACHING: NIMM DIE PERSPEKTIVE EINER ANDEREN PERSON EIN

Betrachte dich selbst von außen – aus der Perspektive einer Person, mit der du in letzter Zeit zusammengearbeitet hast, beispielsweise ein Coachee, eine Führungskraft oder ein Teammitglied. Denn wir können unser Empathievermögen trainieren, indem wir versuchen, die Perspektive einer anderen Person einzunehmen. Zudem kommen wir möglicherweise durch diese Art der Reflexion auf neue Gedanken.

Wie würde die Person folgende Fragen beantworten:

Was würde die Person zu dir sagen, was drei prägende Merkmale sind, die dich als Person heute bei der Arbeit ausgemacht haben?

Was würde die Person zu dir sagen, was dir heute als Person und Agile Coach besonders gut gelungen ist?

Was würde die Person zu dir sagen, welche Werte und Prinzipien dabei eine besondere Rolle gespielt haben?

Was würde die Person zu dir sagen, woran du dich erinnern solltest, weil es zeigt, wer du als Person bist und was dich als Coach ausmacht?

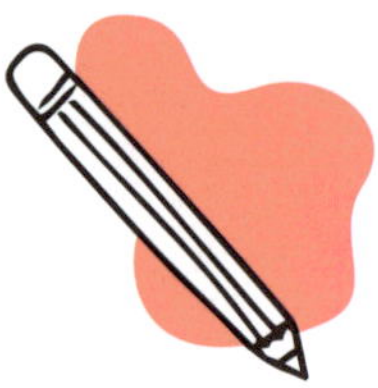

Lassen sich bei den letzten Fragen vielleicht schon Items für dein Lernbacklog ableiten? Dann nimm diese am besten gleich mit in dein Lernbacklog auf!

Versuche wirklich, dich in die andere Person hineinzuversetzen und die Fragen von ihrem Standpunkt aus zu beantworten! Manchmal hilft es uns, den Blickwinkel anderer Personen einzunehmen, um uns selbst zu reflektieren. Du wirst überrascht sein, welche Erkenntnisse du dadurch gewinnst. Dir fällt es schwer, dich in die Person hineinzuversetzen? Schaffe gerne eine Atmosphäre, als würdest du mit der Person gemeinsam an einem Tisch sitzen. Schnapp dir beispielsweise ein Bild von der Person und stelle eine Tasse Kaffee oder Tee neben das Bild. Schau das Bild immer wieder an, wenn du über die Fragen gehst, und versuche, zu überlegen, was die Person antworten würde.

Wenn du ganz mutig bist, kannst du die Person gerne auch nach ihrem Feedback fragen.

Was würde die Person sagen, wofür du heute besonders dankbar sein solltest?

Was würde die Person zu dir sagen, was du heute in deiner Rolle gelernt hast?

Was würde die Person zu dir sagen, was du heute als Agile Coach bewirkt hast?

Was würde die Person zu dir sagen, was du in Zukunft in deiner Rolle ausprobieren solltest?

Trete nun aus den Fußstapfen der Person und gehe die Antworten noch mal in Ruhe durch:

Was findest du besonders spannend?

Was war dir vorher vielleicht so noch nicht bewusst?

TAG 63: MACH DIR ERSTE GEDANKEN ÜBER DICH ALS COACH

Heute schauen wir mal, was eine Person, mit der du regelmäßig zusammenarbeitest, sagen würde, wenn er*sie gefragt wird, wie wirkungsvoll und effektiv du als Agile Coach bist. Denn wir machen die Arbeit nicht für uns selbst. Sie soll Menschen, Teams und Organisationen helfen. Dafür sind das Feedback und die Perspektiven von anderen Menschen notwendig.

Versetze dich hierfür in diese Person hinein und versuche, die Fragen aus ihrer Perspektive zu beantworten. Wenn du magst, kannst du diese Übung auch gerne dazu nutzen, um dir direkt Feedback von Kolleg*innen einzuholen.

Wusstest du, dass wir durch das Hineinversetzen in andere Personen unser Empathievermögen trainieren können? Genau deshalb findest du an den Tagen 5, 37 und 77 ähnliche Übungen. Empathie ist die Fähigkeit und auch die Bereitschaft, zu erspüren, was in anderen Menschen vorgeht, beispielsweise Gedanken, Gefühle oder Wünsche. Quasi in die Fußstapfen von anderen treten. Wir verlassen also unser eigenes Terrain und versuchen, zu erspüren, was das Anliegen unseres Gegenübers ist, anstatt unsere eigenen Erfahrungen abzuspulen. Probiere es mal aus: Mach deinen Kopf leer und versuche, die Welt mit den Augen einer anderen Person zu sehen!

Du hast Lust, dich mehr mit dem Thema Empathie zu beschäftigen? Dann kann ich dir das Buch »Wertschätzende Kommunikation im Business« von Brüggemeier empfehlen:

https://tinyurl.com/wertschaetzende-kommunikation

Auf einer Skala von 1 (schlecht) bis 10 (gut), wo würde dich diese Person in Bezug auf die Frage, wie wirkungsvoll du in deiner agilen Rolle bist, auf der Skala einordnen?

Woran macht er*sie diese Einschätzung fest? Was sind die Gründe dafür?

Was würde er*sie sagen, wie du dich in deiner Rolle und wie du Menschen, Organisationen oder Teams weiterbringst?

Was würde er*sie sagen, wie du dich in deiner agilen Rolle in den vergangenen Jahren entwickelt hast?

Was würde er*sie sagen, dass passieren müsste, damit du einen Punkt höher auf der Skala kommst? Was wäre seine*ihre Empfehlung für dich?

Trete nun aus den Fußstapfen der Person:

Welche neuen Erkenntnisse hast du vielleicht durch das Einnehmen der anderen Perspektive gewonnen?

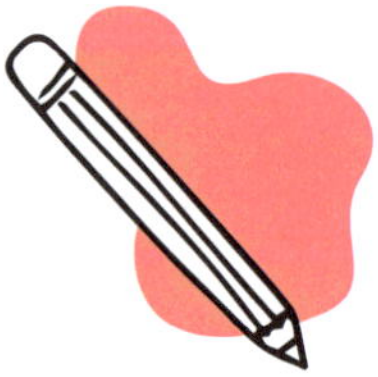

Gibt es Vorhaben, die du ausprobieren und direkt als Idee in dein Lernbacklog mit aufnehmen möchtest?

TAG 64: NENNE FÜNF EIGENSCHAFTEN EINES GUTEN AGILE COACHES

Überlege dir bei dieser Übung mindestens fünf Eigenschaften eines guten Agile Coaches und diskutiere, warum und wofür du diese so wichtig findest.

Die fünf Eigenschaften:

1. ....
2. ....
3. ....
4. ....
5. ....

Warum und wofür findest du diese so wichtig?

....

....

....

....

Welche Eigenschaften möchtest du bei dir noch mehr ausbauen?

....

....

....

....

Was wäre ein erster guter Schritt in diese Richtung?

....

....

....

....

TAG 65: REFLEKTIERE DEN SERVANT LEADER

In der letzten Übung hast du fünf Eigenschaften eines guten Agile Coaches genannt. Bei dieser Übung reflektieren wir den Servant oder True Leader.

Was verstehst du unter Servant oder True Leader?

Was verkörpert ein Servant oder True Leader für dich?

Überlege und beschreibe drei Ziele und drei Attribute eines effektiven Servant oder True Leaders:

1.
2.
3.

Inwiefern bist du ein Servant oder True Leader?

Wer repräsentiert für dich einen guten Servant oder True Leader?

Was kannst du von ihr*ihm lernen?

Eines meiner Lieblingsbücher zum Thema Leadership ist »Dare to lead – Führung wagen« von Brown:

https://tinyurl.com/dare-to-lead

ZWISCHENSTOPP: BEFÜLLE DEIN LERNBACKLOG

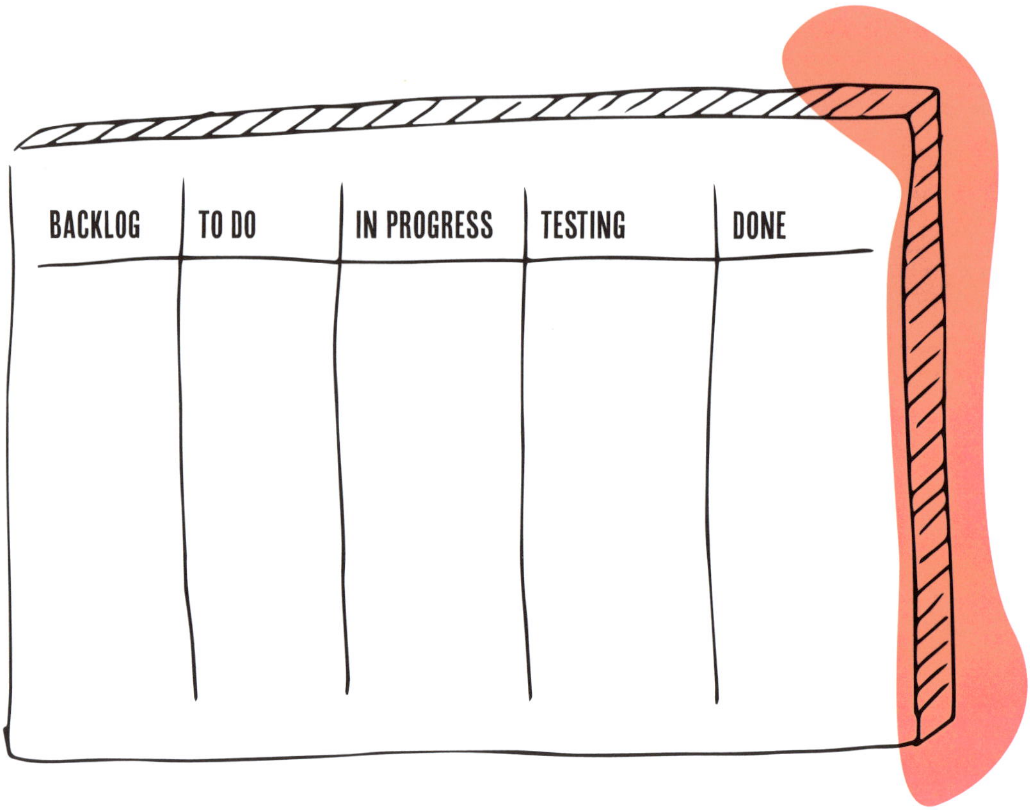

Erinnerst du dich noch an die Einleitung zur Erstellung des Lernbacklogs? Dort habe ich vorgeschlagen, dass du dich in die verschiedenen Rollen, beispielsweise Product Owner, Scrum Master und Entwicklungsteam, hineinversetzen sollst (Seite 17).

Versetze dich nun in die Rolle des Product Owners und überlege, was er*sie sagen würde, welche neuen Impulse du durch deine Agile Reise gewonnen hast.

Was würde er*sie sagen, welche Lernanforderungen du aus ihrer*seiner Perspektive verfolgen solltest?

Was hätte für ihn*sie Priorität?

Hast du konkrete To-dos für dein persönliches Wachstum durch diese Reflexionsfragen entdeckt? Dann nimm diese mit in dein Lernbacklog auf. Dort kannst du sie priorisieren, weiter definieren und ordnen.

Du hast keine Idee, wie so ein Eintrag in dein Lernbacklog aussehen kann? Dann schaue dir gerne nochmal die Vorlage und die Beispiele auf Seite 52 an.

TAG 66: ERARBEITE DEINE GEBRAUCHSANLEITUNG

Zu Risiken und Nebenwirkungen verfasse deine eigene Packungsbeilage zu dir selbst. Stelle dir vor, das Produkt heißt »Du als Agile Coach«. Klingt erst mal komisch? Du wirst sehen, wie wertvoll es ist, wenn du dir bewusst machst und aufzeigen kannst, was dir in der Zusammenarbeit wichtig ist und wie du tickst.

In dieser Übung gehen wir darauf ein, was auf dein Wesen und deine Art zutrifft. Erstelle eine Gebrauchsanleitung zum artgerechten Umgang mit dir. Behalte hierbei immer folgenden Gedanken im Kopf: Wenn andere dauerhaft Freude an dir haben wollen, sollten sie Folgendes beachten.

Vom Temperament oder Charakter her bist du eher:

Wenn du auf andere Charaktere oder Temperamente triffst, ist dir Folgendes wichtig:

Völlig unkompliziert bist du in folgenden Bereichen:

Deine besonderen Talente und Ressourcen für ein freudiges Miteinander sind:

Wenn andere dich für etwas gewinnen möchten, brauchen sie nur Folgendes zu tun:

Schwerer hast du es mit:

Nichts zu erwarten ist in folgenden Bereichen:

Interessiert, wenn auch unbeholfen oder unerfahren bist du in folgenden Bereichen:

Eher besondere Sorgfalt ist in folgenden Bereichen oder Themen erforderlich:

Folgende Empfindsamkeiten und Fehlfunktionen können auftreten:

Andere merken dies meist erst an folgendem Verhalten:

Diese Frühindikatoren können berücksichtigt werden:

Bei Problemen ist die folgende Art der Klärung relativ gut machbar:

Diese zusätzlichen Komplikationen kann es geben:

Wenn wir völlig entgleist sind, hilft nur noch:

Du hast sicher auch schon eine Situation erlebt, in der ein*e Kolleg*in von irgendetwas getriggert wurde und es richtig gekracht hat. Über solche Triggerpunkte Bescheid zu wissen, kann deswegen unglaublich hilfreich sein. Ich kann dir nur empfehlen, diese Übung im Team zu machen. Stellt euch eure Anleitungen vor und sprecht darüber, was ihr braucht und was andere dafür tun können, damit ihr gut miteinander funktioniert.

Diese Übung ist inspiriert durch die Arbeit von Bernd Schmid und Marc Minor (isb Wiesloch).

TAG 67: FINDE HERAUS, WELCHE WERTE DIR WICHTIG SIND

Hast du auch manchmal das Gefühl, dass immer mehr Firmen von Werten sprechen? Egal, ob Nachhaltigkeit, Empathie oder Wertschätzung. Oft sollen diese Orientierung bieten, Klarheit geben und eine gewisse Richtung aufzeigen. Was mich zu folgenden Fragen kommen lässt: Hast du dir auch schon mal über deine eigenen persönlichen Werte Gedanken gemacht? Diese gelebten Werte und Einstellungen neu überdacht oder auf den Prüfstand gestellt?

Denn du persönlich wählst, wie du in deiner agilen Rolle wirkst, indem du bewusste Entscheidungen triffst und den Fokus darauf richtest, was du wirklich willst. Deine Werte sind für dich dabei ein innerer Kompass. Sie helfen dir dabei, dich auszurichten, Entscheidungen zu treffen und deinen Alltag nach deinen Visionen, Träumen und Wünschen zu gestalten. Deine Werte unterstützen dich dabei, dich auf das zu fokussieren, was dir wirklich wichtig im Agile Coaching ist.

Wie entwickeln sich persönliche Wertvorstellungen? Weshalb sind persönliche Werte so wichtig? Du möchtest mehr Input zu Werten? All die Fragen habe ich in diesem Artikel für dich zusammengefasst:

https://deine-agile-reise.de/werte-erkennen/

Heute schauen wir gemeinsam, welche Werte dir wichtig sind und was dich ausmacht. Lass uns herausfinden, welchen Werten du folgst. In der nächsten Übung, am Tag 68, erstellen wir dann deinen Wertekompass!

Gehe die Liste durch und markiere deine zwölf wichtigsten Werte. Bitte wähle die Werte aus, ohne lange darüber nachzudenken.

Abenteuer * Akzeptanz * Agilität * Altruismus * Anerkennung
* Anmut * Ansehen * Aufgeschlossenheit * Aufmerksamkeit
* Achtsamkeit * Authentizität * Ausdauer * Ausgewogenheit
* Begeisterung * Beliebtheit * Bescheidenheit * Besonnenheit
* Bewusstheit * Charme * der/die Beste sein * Disziplin
* Dankbarkeit * Ehrgeiz * Ehrlichkeit * Eigenständigkeit
* Einfühlungsvermögen * Einfluss * Einzigartigkeit * Einsatz
* Energie * Enthusiasmus * Entscheidungsfreude
* Entschlossenheit * Entspannung * Erfolg * Erfahrung
* Effektivität * Effizienz * einen Unterschied machen
* Empathie * Expertise * Fairness * Familie * Fantasie * Fleiß
* Flow * Flexibilität * Fröhlichkeit * Frieden * Freiheit
* Freude * finanzielle Unabhängigkeit * Gemütlichkeit
* Geselligkeit * Gewissheit * Gewinnen * Glaube * Großzügigkeit
* Herzlichkeit * Hilfsbereitschaft * Höflichkeit * Humor
* Innovation * Integrität * Intelligenz * Intensität
* Intuition * Klarheit * Klugheit * Kontinuität * Kontrolle
* Kreativität * Komfort * Lebendigkeit * Lebenskraft
* Leidenschaft * Leistung * Liebe * Liebenswürdig
* Loyalität * Macht * Mitwirkung * Motivation * Mut
* Nächstenliebe * Neugier * Natürlichkeit * Offenheit
* Optimismus * Originalität * Privatsphäre * Professionalität
* Realismus * Reichtum * Religiosität * Respekt * Ruhe
* Sauberkeit * Schönheit * Selbstdisziplin * Selbstvertrauen
* Selbstsicherheit * Sensitivität * sicheres Auftreten * Sieg
* Sinnlichkeit * Solidarität * Spannung * Sparsamkeit * Spaß
* Spiritualität * Spontaneität * Stabilität * Stärke
* Sicherheit * Teamwork * Tapferkeit * Tradition * Tiefe
* Transzendenz * Träume * Treue * Unabhängigkeit * Vergnügen
* Vermögen * Vertrauen * Vernunft * Vielfalt * Vision
* Vitalität * Vorfreude * Fokus * Wachheit * Wachstum
* Wahrheit * Wissen * Weitsicht * Zielstrebigkeit
* Zufriedenheit * Zuneigung

Welche Werte hast du gewählt?

1. ...
2. ...
3. ...
4. ...
5. ...
6. ...
7. ...
8. ...
9. ...
10. ...
11. ...
12. ...

Wähle nun aus der Auswahl der zwölf Werte die vier für dich bedeutsamsten Werte aus.

1. ...
2. ...
3. ...
4. ...

Was geht dir gerade durch den Kopf?

Was findest du spannend an deiner Auswahl?

Was vielleicht auch nicht?

Wie erklärst du dir diese Auswahl?

TAG 68: ERSTELLE DEINEN WERTEKOMPASS

Dein innerer Wertekompass wird dich dabei unterstützen, dich jeden Tag neu auszurichten und dir bewusst zu machen, welche Werte du am Tag leben möchtest. Fülle deinen Wertekompass basierend auf deinen vier Werten aus, die du in der letzten Übung herausgefunden hast:

Trage ein wieso dir diese Werte so wichtig sind:

WERT:

WERT:

WERT:

WERT:

NORDEN

Wieso ist dir dieser
Wert wichtig?

Wo lebst du diesen Wert?

Welche Entscheidungen kannst
du durch diesen Wert besser
treffen?

OSTEN

Wieso ist dir dieser
Wert wichtig?

Wo lebst du diesen Wert?

Welche Entscheidungen kannst
du durch diesen Wert besser
treffen?

SÜDEN

Wieso ist dir dieser
Wert wichtig?

Wo lebst du diesen Wert?

Welche Entscheidungen kannst
du durch diesen Wert besser
treffen?

WESTEN

Wieso ist dir dieser
Wert wichtig?

Wo lebst du diesen Wert?

Welche Entscheidungen kannst
du durch diesen Wert besser
treffen?

Beobachte heute deinen Tag und schaue, welche Bedeutung deine zentralen Werte bei dem haben, was du tust. Notiere hier deine Beobachtung.

Überlege nun, wo und wie du deine vier Werte noch stärker in deinen Alltag integrieren kannst?

An welchen Projekten, Vorhaben oder Experimenten würdest du dies merken?

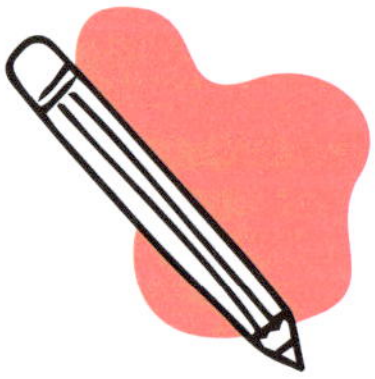

Du hast Projekte, Vorhaben oder Experimente identifizieren können? Dann nimm diese gleich in dein Lernbacklog auf! Du kannst die Vorhaben dort weiter spezifizieren oder erst mal im Backlog ruhen lassen, bis du sie wirklich angehen willst.

TAG 69: WÄHLE DEIN INNERES BERATUNGSTEAM

Manchmal ist es wirklich schwer, sich selbst zu motivieren und am Ball zu bleiben. Deshalb hast du heute die Aufgabe, dein inneres Beratungsteam zusammenzustellen. Das Team wird dich in schwierigen Situationen unterstützen!

Mach dir bewusst, welche inspirierenden Personen es gibt, die dich schon vorangebracht haben, die an dich glauben und die dir Mut machen können. Welche Menschen sind Vorbilder und wen bewunderst du? Wenn du einer Herausforderung gegenüberstehst, dann stell dir dein inneres Beratungsteam vor:

* Was würden dir diese Menschen raten?
* Was wären die nächsten Schritte deines inneren Beratungsteams?
* Wie würden sie mit den Aufgaben und Herausforderungen umgehen, die vielleicht gerade bei dir anstehen?

Diese oder weitere Fragen kannst du in Zukunft und jederzeit deinem inneren Beratungsteam stellen!

Suche dir heute drei bis fünf Personen, die du dir in herausfordernden Situationen vorstellen und in die du dich zukünftig hineinversetzen kannst. Das können bekannte Agile Coaches, Scrum Master oder Leader sein, die deine Reise vielleicht schon gegangen sind oder dir ein paar Schritte voraus sind. Wenn du magst, kannst du auch Arbeitskolleg*innen oder Personen aus deinem Umfeld wählen. Oder vielleicht auch dich selbst – nur fünf bis zehn Jahre älter. Trage diese Personen hier in die Sprechblasen ein:

TIPP

Pst! Niemand muss wissen, dass sie zu deinem inneren Beratungsteam gehören! Vielleicht möchtest du dir dein inneres Beratungsteam auch auf Kärtchen oder ein Blatt Papier malen und dieses dann zusammen mit den oben genannten Fragen über deinem Schreibtisch aufhängen. So hast du es immer ganz nah bei dir und wirst regelmäßig daran erinnert, dass du das Team bei Herausforderungen immer fragen kannst.

TAG 70: ERSTELLE DEINE COACHING-AGREEMENTS

In der agilen Welt erarbeiten wir oft sogenannte Working Agreements gemeinsam mit Teams. Sie legen Rahmenbedingungen für eine gute Zusammenarbeit fest und zeigen auf, was den einzelnen Teammitgliedern wichtig ist. Oft regeln sie beispielsweise Kommunikations- oder Verhaltensregeln und machen diese transparent.

Hast du auch schon einmal für dich selbst ein sogenanntes Agreement erarbeitet? Nutze die Übung heute, um herauszufinden, welche drei Rahmenbedingungen für dich in der Zusammenarbeit und im Miteinander wichtig sind, sodass du dein volles Potenzial mit Freude einbringen kannst.

Welche drei Rahmenbedingungen sind für dich in der Zusammenarbeit und im Miteinander besonders wichtig?

Erkläre kurz, warum diese drei Rahmenbedingungen besonders wichtig für dich sind:

Nenne drei Herausforderungen, die du siehst, wenn Menschen mit unterschiedlichen Hintergründen und Erfahrungswerten zusammenarbeiten sollen:

Wie kannst du diesen Herausforderungen als Agile Coach entgegenwirken?

Oft mache ich diese Übung mit Teams zusammen. Jede*r beantwortet die Frage nach den Rahmenbedingungen für sich selbst. Oft erfrage ich hier noch eine Teamregel, die ihr*sein Herz so richtig hüpfen lassen würde, weil sie*er die Regel für den Teamerfolg und das Miteinander besonders wichtig findet. Hinterher tauschen sich die Teammitglieder über ihre Ergebnisse aus. Danach fasse ich als Coach die genannten Punkte und Agreements zusammen. Ganz nach dem Motto: Ein Wir setzt sich aus allen Ichs im Team zusammen! Die Zusammenfassung kann dann beispielsweise im Büro aufgehängt und regelmäßig in Retrospektiven reflektiert werden. Auch kannst du darauf basierend einen Health Check entwerfen. So kannst du ein Team validieren, ob es Verbesserungspotenzial gibt oder ob momentan alle ihr volles Potenzial mit Freude einbringen.

TAG 71: FINDE 50 FAKTEN ÜBER DICH

Warst du schon mal bei einer Konferenz und hast jemanden getroffen, mit dem*der du vielleicht schon mal zusammengearbeitet hast? Vielleicht habt ihr gemeinsame Hobbys oder beide Kinder? Gemeinsamkeiten zu erkennen, verändert die Sichtweise auf die Person. Eine Annahme von John Stepper ist, dass wir unsere Gefühle zu Menschen verändern, mit denen wir Gemeinsamkeiten haben [15]. Wir haben dann das Gefühl, dass wir der Person mehr vertrauen können als anderen. Beziehungen können sich so vertiefen. Es ist aber gar nicht so einfach, Fakten über uns selbst aus dem Stehgreif zu nennen.

Deshalb hast du jetzt bei dieser Übung die Möglichkeit, 50 Fakten zu sammeln, die dich in deiner agilen Rolle oder auch persönlich ausmachen. Sodass du immer ein paar Fakten über dich parat hast und schnell Gemeinsamkeiten entdecken kannst. Du wirst überrascht sein, wie viel du bei dieser Übung über dich lernst. Bleib auf jeden Fall auch am Ball, wenn du nicht gleich 50 Fakten über dich zusammenbekommst. Beim ersten Mal kann das ganz schön schwer sein.

Als Inspiration sind hier ein paar Beispiele, die als Grundlage für das Entdecken von Gemeinsamkeiten mit anderen sein können:

1. Dinge, die du gerne machst
2. Dinge, die du absolut nicht magst
3. Was dich bei deiner Arbeit ausmacht
4. Eine Erfolgsstory von dir
5. Dein beruflicher Werdegang
6. Dein Lieblingsbuch
7. Wo du herkommst
8. Dein Lieblings-Podcast
9. Ein Funfact über dich
10. Was dir besonders wichtig im Leben ist

Fakten über mich:

1. Als ich das erste Mal von Scrum gehört habe, habe ich meinen Professor in der Uni für verrückt erklärt. Ich konnte mir einfach nicht vorstellen, wie das funktionieren kann.
2. Meine Mutter ist Sozialarbeiterin und mein Vater war Ingenieur für Elektrotechnik und Informatik. Deshalb sage ich oft: Ich habe einfach beruflich die Mitte getroffen.
3. Seit ich in der IT-Branche arbeite, bin ich froh, dass ich einen großen Bruder habe, der mich abgehärtet hat.

4. Als ich das erste Mal als Scrum Master in einer Firma gearbeitet habe, habe ich viel gemacht, was ich heute anders machen würde.
5. Ursprünglich komme ich aus einem ganz kleinen Ort im Odenwald.
6. Ich bin mal einen Halbmarathon in 1:37 h gelaufen. Frag mich nicht, wie ich das geschafft habe.
7. Mich begeistert agiles und systemisches Arbeiten.
8. Eine meiner Lieblingsfragen ist: Warum und wofür wollt ihr agil arbeiten oder agiler werden?
9. Oft stelle ich mir die Frage, was Gendern wirklich bringt.
10. Mein Vater hat bei ISO-Normen mitgeschrieben. Eine seiner Lieblingsfragen an mich war: »Und wie sichert ihr jetzt Qualität in agilen Projekten?«

Jetzt bist du dran!

Sammle 50 Fakten über dich und schreibe so viele Sachen auf, die dich zu dem Menschen machen, der du bist.

1. ....
2. ....
3. ....
4. ....
5. ....
6. ....
7. ....
8. ....
9. ....
10. ....
11. ....
12. ....
13. ....
14. ....
15. ....

16. ....

17. ....

18. ....

19. ....

20. ....

21. ....

22. ....

23. ....

24. ....

25. ....

26. ....

27. ....

28. ....

29. ....

30. ....

31. ....

32. ....

33. ....

34. ....

35. ....

36. ....

37. ....

38. ....

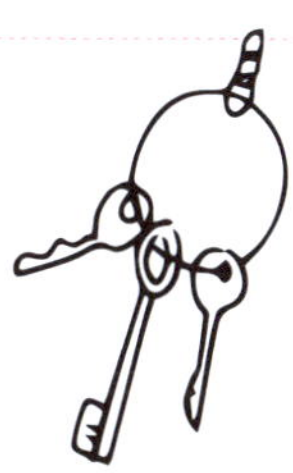

39. ....

40. ....

41. ....

42. ....

43. ....

44. ....

45. ....

46. ....

47. ....

48. ....

49. ....

50. ....

Diese Übung ist super, um sie innerhalb eines Teams zu machen, beispielsweise zu Beginn eines Workshops oder innerhalb einer Retrospektive. Es müssen ja nicht gleich 50 Fakten sein, die ihr sammelt und euch dann gegenseitig vorstellt. Manchmal reichen auch schon drei bis zehn Fakten, über die die anderen Teammitglieder nicht Bescheid wissen. Auch könntet ihr nach der Vorstellungsrunde die Frage erörtern, wo ihr Gemeinsamkeiten habt oder auch unterschiedlich seid. Probiere es aus und beobachte, was es mit der Stimmung im Team macht.

Diese Übung ist inspiriert durch die Arbeit von John Stepper, Gründer von Working Out Loud® [18].

ZWISCHENSTOPP: REFLEKTIERE DEIN WUNDER

Wir holen mal wieder kurz Luft und machen einen kurzen Zwischenstopp, indem wir an dein Wunder denken und reflektieren, wie es darum steht:

Wenn du genauer hinschaust, was hat sich vielleicht schon in Bezug auf dein Wunder verändert?

Was wären die drei nächsten Schritte, die du in Richtung deines Wunders gehen willst?

Nimm deine Erkenntnisse mit in dein Lernbacklog auf!

TAG 72: ERARBEITE DEINEN GOLDEN CIRCLE FÜR DICH ALS AGILE COACH

Zu Beginn deiner Reise hatte ich erklärt, dass jede*r Agile Coach anders ist. Oft haben die Coaches sich spezialisiert. So gibt es Coaches, die eher auf Teamentwicklung spezialisiert sind, und andere haben sich auf die Arbeit mit Führungskräften oder Product Ownern fokussiert. Deshalb sollte sich auch jede Organisation die Frage stellen, wen sie jetzt gerade braucht und wer sie bei den nächsten Schritten bestmöglich begleiten kann. Umso wichtiger ist es für dich, zu wissen, warum und wofür du antrittst und wie du Teams, Organisationen oder Kund*innen bestmöglich weiterbringst.

Erstelle deshalb innerhalb dieser Übung einen Golden Circle [11] für dich als Agile Coach, der klar herauskristallisiert, warum und wann du genau der*die richtige Coach bist, wie du vorgehst und was du alles machst, um deine Vorhaben zu erreichen.

Mache dir gezielt Gedanken, welchen Mehrwert du für die Gesellschaft, Organisationen, Teams und deine Kund*innen generierst.

Warum und wofür ist deine Arbeit wichtig?

- für Kund*innen?
- für die Gesellschaft?
- für Organisationen/Teams?

Wie erreichst du deine Vorhaben? Wie ist dein Vorgehen?

- für Kund*innen?
- für die Gesellschaft?
- für Organisationen/Teams?

Was machst du genau, um deine Vorhaben zu erreichen?

- für Kund*innen?
- für die Gesellschaft?
- für Organisationen/Teams?

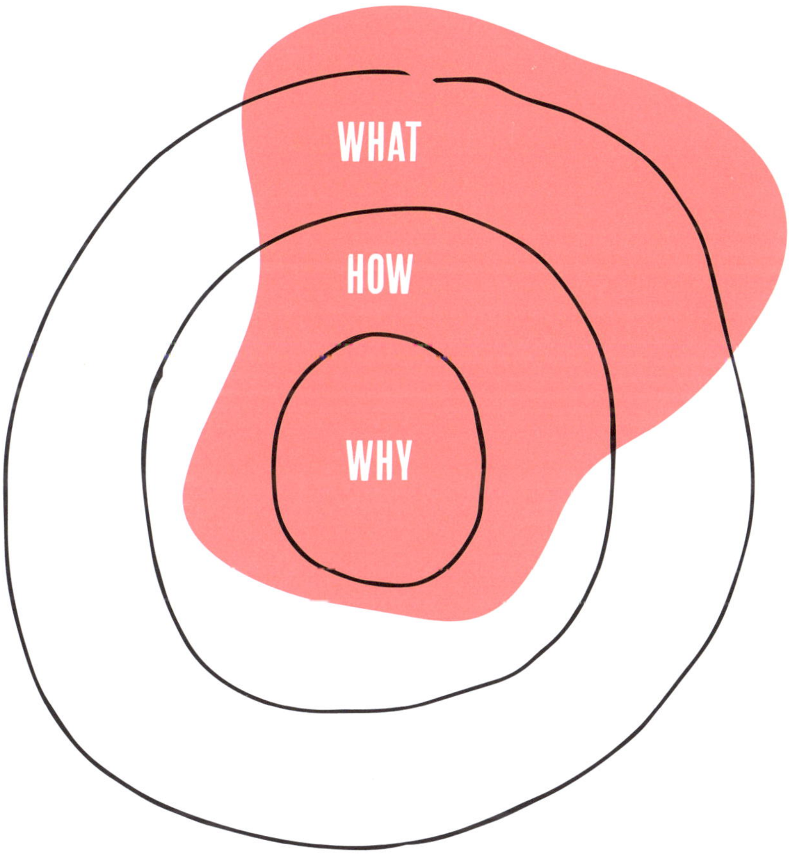

Du möchtest mehr über den Golden Circle von Simon Sinek erfahren? Dann schaue dir gerne den YouTube-Clip »Wie große Führungspersönlichkeiten zum Handeln inspirieren« von Simon Sinek an [11]:

https://tinyurl.com/Fuehrungspersoenlichkeiten

Du möchtest den Golden Circle nutzen, um beispielsweise Kund*innen von dir als Agile Coach zu überzeugen? Dann erstelle ein Video von deinem Golden Circle und reflektiere, was du bereits gut rüberbringst oder was du vielleicht noch anders machen willst. Oft erkennen wir durch Videoaufnahmen, wie wir virtuell oder generell auf andere Menschen wirken, und können so gezielt unsere Kommunikations-Skills verbessern.

TAG 73: ERSTELLE DEINE AGILE COACH VISION BOX

Häufig arbeiten agile Teams sehr eng entlang eines Problemlösungspfads. Klar kann es hier auch mal passieren, dass der Blick auf das große Ganze verloren geht. Um den Fokus immer wieder auf das große Ganze zu lenken und um zu reflektieren, ob sich etwas am großen Ganzen geändert hat oder ob das Team noch on track ist, hilft eine langfristige Zielvorstellung. An dieser lässt sich die Detailplanung von Iterationen ausrichten. Die Vision ist das höchste erreichbare Ziel, mit dem Roadmap-Planung und Sprint-Planung in Einklang gebracht werden.

Mit dem Tool Product Vision Box wird gemeinsam im Team eine Verpackung für das zukünftige Produkt entworfen und hergestellt. Diese Product Vision Box ist dann häufig im Büro des Teams aufzufinden und erinnert das Team täglich an die Produktvision.

Bei dieser Übung erstellen wir eine Produktvision – für dich! Genauer: für deine Vision als Agile Coach. Denn um im Außen das zu bekommen und zu erschaffen, was du dir wünschst oder noch mehr sehen willst, bedeutet, dass du dir in deinem Inneren darüber klar sein musst, was du genau möchtest. Wenn du also selbst gestalten möchtest, wer du als Agile Coach bist, kann es im ersten Schritt hilfreich sein, eine solche Vision zu kreieren. Die Vision hilft dabei, wahrzunehmen, dass die Zukunft nicht irgendwie entsteht, sondern, dass sie genau das ist, was du erschaffst.

Nimm dir nun alle Buntstifte, die du finden kannst, und schnapp dir beispielsweise einen alten Schuhkarton. Erstelle dann deine Agile Coach Vision Box. Es geht nicht darum, mit der Box einen Wettbewerb zu gewinnen. Erstelle eine ehrliche und authentische Vision Box, die veranschaulicht, wer du in Zukunft als Coach sein willst! Male oder klebe Bilder drauf und gestalte die Box so, dass du dich täglich erinnerst, was deine Vision ist!

Stell dir vor, wir haben fünf Jahre später.

Welcher Tag ist dann? ___.____.______

Vielleicht inspirieren dich noch die folgenden Fragen bei der Erstellung deiner Box:

- Welche*r Agile Coach bist du?
- Schreibe auf, was du sehen, fühlen und spüren kannst.
- Wo bist du in fünf Jahren?
- Wie arbeitest du? Was hat sich in Bezug auf deine Arbeitsweise geändert?
- Wer bist du? Zu wem hast du dich vielleicht entwickelt?

- Mit wem arbeitest du?
- Was machst du?
- Was sind deine Fokusgebiete?
- Wie fühlst du dich?
- Wer ist bei dir?
- Was hast du innerhalb der fünf Jahre gelernt?
- Was sind wichtige Eigenschaften von dir in fünf Jahren?
- Was hast du erlebt?
- Welche Erfolgsstorys kannst du erzählen?
- Wie hast du Teams und Organisationen geholfen?
- Wie hast du dich weitergebildet?

Denke nun darüber nach, welche drei Ratschläge dir ein erfahrene*r Coach mit auf den Weg geben würde? Welches Motto oder welcher Slogan fällt dir dazu ein? Veranschauliche alles auf deiner Box.

Betrachte nun deine Vision, lade sie mit positiven Gefühlen auf und verbinde dich emotional mit ihr: Wie fühlt sich deine Vision an? Wie fühlst du dich, wenn du dir vorstellst, dass du sie bereits verwirklicht hast? Was hat dich bisher davon abgehalten, deine Vision anzugehen?

TIPP

Wenn du eine Vision für dich als Coach hast, kannst du deine Zukunft Schritt für Schritt vor dir sehen. Du kannst bessere Entscheidungen treffen und Gewohnheiten etablieren, die förderlich für deine Ziele sind. Auch wirst du Herausforderungen leichter meistern und mit Leichtigkeit Extrameilen gehen. Am wichtigsten:
Du richtest deinen Fokus auf die wichtigen Dinge in deiner Rolle und die wirklich zu dir als Person passen. Ganz nach dem Zitat: »Wenn wir keinem Traum folgen, dann wissen wir auch nicht, in welche Richtung wir gehen.« von Anaïs Nin.

TAG 74: PLANE DEINEN AGILE-COACH-WEG

Mittlerweile hast du erarbeitet, wie und wer du in fünf Jahren als Agile Coach sein möchtest und was du erschaffen und erreichen willst. Blicke nun mit diesem Wissen auf den Weg, der vor dir liegt. Spüre hier in dein »Ich von heute« hinein und schaue dir bewusst den Weg an, den dein »Ich in fünf Jahren« gegangen ist.

Blicke von deinem Heute aus auf den Weg.

Worauf freust du dich am meisten, wenn du den Weg anschaust, den du gehst, um dein »Ich in fünf Jahren« zu erreichen?

Was möchtest du mehr auf diesem Weg loslassen, weil es dich vielleicht daran hindert, dein »Ich in fünf Jahren« zu erreichen?

Was sind wichtige Meilensteine, die dein »Ich in fünf Jahren« auf diesem Weg gegangen ist?

Was sind vielleicht auch Zweifel und Bedenken, die bei deinem »Ich von heute« auftauchen?

MEILENSTEINE UND ZWISCHENZIELE

Was waren wichtige erste Schritte, die dein »Ich in fünf Jahren« gegangen ist, um deine Vision zu erreichen?

Was hat dir geholfen, dein »Ich in fünf Jahren« zu erreichen?

Was ist eine Sache, die du nächste Woche schon dafür tun kannst, um deinem »Ich in fünf Jahren« näherzukommen?

Was sind Zwischenziele, die deinem »Ich in fünf Jahren« auf deinem Weg Kraft gegeben haben?

HERAUSFORDERUNGEN

Welche Herausforderungen liegen im Hinblick auf das Erreichen deiner Vision vor dir?

Worauf solltest du dich vorbereiten oder was solltest du im Auge behalten, sodass du dein »Ich in fünf Jahren« erreichen kannst?

Wer kann dir vielleicht heute oder in den nächsten Jahren dabei helfen?

Wie hast du die Herausforderungen gelöst?

Erstelle dir nun eine Roadmap und übertrage deine Antworten von oben in Stichpunkten auf diese Übersicht. Du kannst diese Grafik ab jetzt wie deine innere Landkarte nutzen und dich immer wieder an deinen Zwischenzielen und deiner Fünf-Jahres-Vision orientieren.

Vielleicht erscheint dir eine Fünf-Jahres-Vision mit dazugehöriger Roadmap wenig agil. Ich möchte dich ermutigen, diese Roadmap trotzdem zu erstellen. Aus zwei Gründen: Erstens: Agil bedeutet nicht flexibel, sondern reaktionsfähig zu sein. Zweitens: An solch einem Plan muss man nicht dogmatisch festhalten, sondern kann ihn regelmäßig als Reflexionsgrundlage nutzen.

Du kannst schauen, ob du noch auf dem Weg bist, den du wirklich gehen willst, oder ob sich etwas geändert hat. Wenn ja, dann pass einfach den Plan an: Ändere deinen Weg, streiche Sachen weg, die nicht mehr relevant sind, oder füge neue Vorhaben hinzu.

Aus eigener Erfahrung: Ich habe auch eine solche Übersicht und habe mittlerweile zwei meiner großen Projekte innerhalb von zwei Jahren erreicht. Ich wollte immer schon eine Coaching- und Organisationsentwicklungs-Ausbildung machen und ein Buch schreiben. Die Ideen sind damals über die Reflexion entstanden, wer ich in fünf Jahren sein will und was ich dafür heute schon tun kann.

Nimm deine Vorhaben auch mit in dein Lernbacklog auf. So hast du diese immer vor Augen und kannst sie priorisieren!

TAG 75: ARBEITE DEIN PERSÖNLICHES PROFIL AUF

In dieser Übung hast du die Möglichkeit, dein persönliches Coaching-Profil als Zusammenfassung der Reisestation 3 aufzuarbeiten. Gehe hierfür nochmals die Übungen aus den letzten Tagen durch und trage alles zusammen, was du über dich gelernt hast.

Dein Coaching-Profil hilft Stakeholdern und Mitarbeitenden, einen schnellen Überblick über deine Arbeit zu gewinnen. Auch kannst du es als Grundlage für Feedback-Gespräche nutzen, um dein Fremd- und Eigenbild zu analysieren und zu reflektieren.

Wie ist dein Slogan oder Motto als Agile Coach?

Fasse zusammen, wie du dich als Agile Coach in drei Sätzen beschreiben würdest?

Auf welche Fragen gibst du bei deiner Arbeit Antworten?

Was macht dich als Agile Coach aus?

Was ist dir in der Zusammenarbeit mit anderen Menschen wichtig?

Welche Erfolge hast du bereits als Agile Coach erzielt?

Welche Qualifikationen bringst du mit?

Was ist anders als vorher, wenn du mit Menschen oder Teams zusammenarbeitest?

Welchen Nutzen erzielen Organisation, Teams, Führungskräfte oder die Gesellschaft durch deine Rolle?

Was ist dein Ziel? Was ist deine Mission?

Was machst du nicht in deiner Rolle? Wovon grenzt du dich bewusst ab?

Du bist selbstständig oder bewirbst dich gerade für eine neue Stelle? Dann erstell dir doch gleich aus der Reflexionsübung ein Profil, das du nutzen kannst, um neue Kund*innen oder Jobs zu finden.

REISE-HIGHLIGHTS: DEINE LEARNINGS ZUR DRITTEN REISESTATION

Wow! Was für entdeckungsreiche Tage, oder?

Mache in dieser letzten Übung der dritten Reisestation eine Art Review: Denke hierfür bewusst über deinen bisherigen Fortschritt, den Stand und nächste Entwicklungsschritte des Selbstcoachings nach. Zur Hilfestellung habe ich dir ein Aha-Sheet zusammengestellt, mit dem du über all deine Aha-Momente nachdenken kannst.

Behalte hierfür gerne das Motto »Change it, love it or leave it« im Hinterkopf. Denn es kann sein, dass du vielleicht gar keine Entwicklungsschritte siehst und einfach vollkommen zufrieden mit dir selbst bist. Das ist auch völlig okay!

Wie würdest du deine dritte Reisestation mit drei Worten zusammenfassen?

Was sind deine größten Aha-Momente, neue Erkenntnisse, Impulse oder Ideen zur weiteren Entwicklung? Welche Möglichkeiten warten auf dich?

Wo willst du noch wachsen? Wo darfst du etwas ändern? Oder wo ist bereits schon alles so, wie du es haben willst?

Nimm deine Ideen auch in dein Lernbacklog auf, sodass du deine Vorhaben in einer geordneten Liste hast, die du in Zukunft pflegen, weiter spezifizieren und priorisieren kannst.

Denke nun kurz über deine Stärken und Besonderheiten nach, die du in der dritten Reisestation entdeckt hast: Welche drei Schätze trägst du bereits in dir?

1. ....

2. ....

3. ....

Und jetzt ganz allgemein: Was sind deine drei wichtigsten Erkenntnisse aus der dritten Reisestation, die du nicht vergessen willst. Notiere dir diese hier:

1. ....

2. ....

3. ....

Mit diesen neuen Erkenntnissen und Ahas gehen wir jetzt auf die weitere Reise. Bleib dran!

Schon beim Aufschreiben und Reflektieren unserer Gedanken und Learnings kann ganz viel Klarheit und Neues entstehen! Nimm dir auch noch mal Zeit, dir persönlich Danke zu sagen, dass du dieses Selbstcoaching machst, dich persönlich reflektierst und besser kennenlernst!

AGILE TEAMS AUFBAUEN

Wow! Was für eine intensive Zeit wir bei den letzten Reisestationen hatten! Du hast innerhalb der letzten Station einen Blick auf dich selbst geworfen und deine eigene Coaching-Identität erarbeitet. Auch haben wir identifiziert, wer du als Agile Coach bist, künftig sein willst und welche Wachstumspotenziale auf dich warten.

Bei der vierten Reisestation richten wir deine ganze Aufmerksamkeit auf folgende Fragestellungen:

- Wie arbeitest du mit Menschen?
- Wie stehst du deinem Team gegenüber?
- Was verstehst du unter Zusammenarbeit?
- Wie soll sich Teamarbeit für dich anfühlen?
- Wer bist du als Teamentwickler*in?
- Wie baust du agile Teams auf?
- Wie gestaltest du Wandel?
- Wie wirkst du bei Veränderungen?
- Wie gibst du Feedback?
- Wie löst du Konflikte?
- Welche Tools und Methoden gibt es dafür?

Nur wenn wir ehrlich hinschauen, wie wir in unserer Rolle arbeiten und anerkennen, was funktioniert und was nicht, können wir beginnen, nach unseren eigenen Vorstellungen zu gestalten, und so eine hohe Wirkung entfalten. Erschaffe dir also bei dieser Reisestation ein Bewusstsein darüber, wie du mit Teams arbeitest, bei Veränderungsprozessen wirkst und gemeinsam mit anderen die Zukunft gestaltest.

„WENN DU SCHNELL GEHEN WILLST, GEH ALLEIN. WENN DU WEIT KOMMEN WILLST, GEHE ZUSAMMEN.“

AFRIKANISCHES SPRICHWORT

TAG 76: REFLEKTIERE DEIN TEAM

In dieser Übung machen wir eine Art systemische Aufstellung. So kannst du die Beziehungen zwischen Teammitgliedern reflektieren und gewinnst vielleicht neue Erkenntnisse, woran du auf der Beziehungsebene gemeinsam mit dem Team arbeiten kannst.

Male hierzu das Team. Schaue genau, wer sich beispielsweise mit wem gut versteht. Vielleicht stehen diese Teammitglieder enger zusammen. Vielleicht gibt es auch Leute, die nur Teilzeit im Team arbeiten, was eine gezieltere Einbindung und Kommunikation mit ihnen erfordert. Vielleicht gibt es auch Teammitglieder, die zerstritten sind. Veranschauliche alles, was dir in Bezug auf die Beziehungen innerhalb des Teams auffällt:

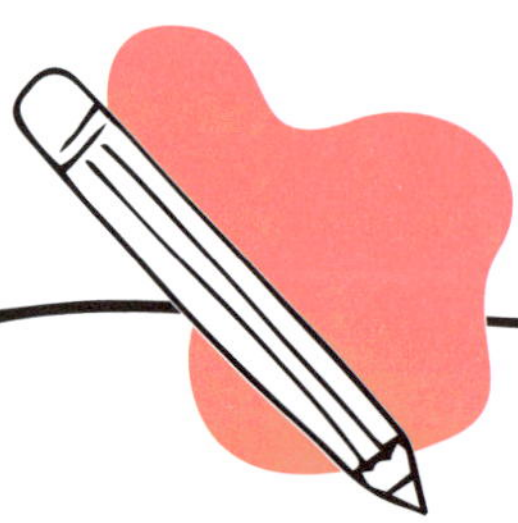

TAG 77: NIMM DIE PERSPEKTIVE EINES TEAMMITGLIEDS EIN

In der letzten Übung hast du die Beziehungen zwischen den Teammitgliedern reflektiert. Nimm nun die Perspektive unterschiedlicher Teammitglieder ein. Indem du über die angenommene Realität der Teammitglieder nachdenkst, kannst du Situationen in ihrer Gesamtheit betrachten. Wie würden von dir unterschiedlich ausgewählte Teammitglieder folgende Fragen beantworten:

Welche drei prägenden Merkmale würde ein Teammitglied nennen, die heute gezeigt haben, wer du als Person bist und was dich in der Zusammenarbeit mit dem Team ausmacht?

Was würde ein Teammitglied sagen, wenn es dich mit einem Wort beschreiben müsste?

Was würde ein Teammitglied erwähnen, was dir heute besonders gut gelungen ist?

Was würde ein Teammitglied sagen, welche agilen Werte und Prinzipien dabei eine besondere Rolle gespielt haben?

Was würde ein Teammitglied sagen, was du zukünftig bei der Teamzusammenarbeit ausprobieren solltest?

Was würde ein Teammitglied sagen, das er*sie heute in Bezug auf Teamzusammenarbeit von dir gelernt hat?

TIPP

Versuche, dich wirklich in die andere Person hineinzuversetzen und die Fragen von ihrem Standpunkt aus zu reflektieren! Manchmal hilft es uns, den Blickwinkel anderer Personen einzunehmen, um uns selbst zu reflektieren. Du wirst überrascht sein, welche Erkenntnisse du dadurch gewinnst. Dir fällt es schwer, dich in die Person hineinzuversetzen? Stell dir vor, dass du mit der Person gemeinsam an einem Tisch sitzt und Kaffee trinkst. Die Vorstellung kannst du verstärken, indem du dir beispielsweise ein Bild von der Person schnappst und eine Tasse Kaffee oder Tee neben das Bild stellst. Schau das Bild immer wieder an, wenn du die Fragen reflektierst, und versuche zu überlegen, was die Person genau sagen würde.

TAG 78: REFLEKTIERE, WIE DU DEM TEAM GEGENÜBERSTEHST

In der letzten Übung hast du die Perspektive von Teammitgliedern eingenommen. Trete nun wieder aus deren Fußstapfen heraus und reflektiere, wie du persönlich über das Team denkst. So kannst du schauen, ob du durch diese Übung neue Perspektiven erlangt hast.

Wie würdest du das Team in drei Worten beschreiben?

Weshalb genau diese drei Attribute?

Was sagen die Attribute über eure Zusammenarbeit aus?

Jetzt, wo du die Perspektive von Teammitgliedern (Tag 77) und deine eigene eingenommen hast: Was sind die drei wichtigsten Erkenntnisse für dich, die dir vorher noch nicht bewusst waren? Wo hast du neue Perspektiven erlangt? Wo entdeckst du vielleicht Ähnlichkeiten zwischen der angenommenen Realität des Teams und deiner eigenen? Wo erkennst du vielleicht auch Unterschiede?

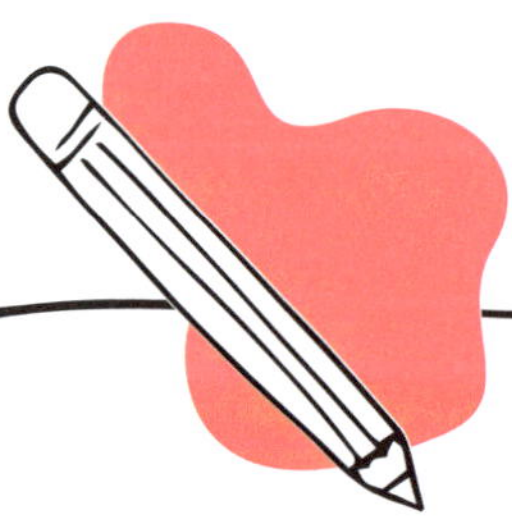

Gibt es etwas, auf das du basierend auf dieser Übung in Zukunft mehr achten möchtest?

TAG 79: REFLEKTIERE, WAS DU UNTER TEAM UND ZUSAMMENARBEIT VERSTEHST

Es ist kein Geheimnis: Projekte können auch dann scheitern, wenn Zwischenmenschliches wie Konflikte oder unerfüllte Bedürfnisse im Weg stehen und dem Projekt-, Produkt- oder Teamerfolg schaden. Häufig denken wir dann schnell: die Vision, Ziele, Rollen, Verantwortungen und Aufgaben sind unklar. Das habe ich selbst schon erlebt. Das muss jedoch nicht immer sein. Lass uns deshalb bei dieser Übung reflektieren, was ein starkes kooperatives Verhalten innerhalb von Teams ausmacht und wie es sich auf die Performance auswirkt.

Was verstehst du unter dem Begriff Team?

Was macht für dich den Unterschied zwischen einer Arbeitsgruppe und einem Team aus?

Was verstehst du unter Zusammenarbeit?

Welche Umstände erschweren die Zusammenarbeit im Team (sowohl menschlich als auch vom Umfeld her)?

Was macht deiner Meinung nach Teamzusammenarbeit erfolgreich?

Was braucht deiner Meinung nach ein Team, um performen zu können? Erstelle dir eine Checkliste über Rahmenbedingungen.

Dies ist eine super Übung, um das Thema Zusammenarbeit im Team anzusprechen. Du kannst beispielsweise einen Fragebogen mit den oben genannten Fragen zusammenstellen und diesen das Team ausfüllen lassen. Die Ergebnisse könnt ihr innerhalb eines Workshops thematisieren, schauen, wo ihr Gemeinsamkeiten oder Spannungen identifiziert und daraus ableiten, wie ihr künftig die Zusammenarbeit gestalten wollt.

Mit der Übung im Team kannst du super Zustimmung aufbauen und eine gemeinsame Basis für eure Zusammenarbeit schaffen. An dieser Stelle möchte ich dich auch ermutigen zu überlegen, wie du sonst Zustimmung in Teams aufbaust: Wie gehst du vor? Was macht dich dabei aus?

TAG 80: REFLEKTIERE DIE BEZIEHUNG ZWISCHEN DIR UND DEINEM TEAM

Denke an ein Team, mit dem du momentan im Kontakt bist:

- Finde drei Bilder, die für dich persönlich für dieses Team stehen oder die du mit dem Team in Verbindung setzt.
- Finde drei Bilder, die für dich aufzeigen, was den Kontakt zwischen dir und dem Team ausmacht.

Bei Workshops arbeite ich gerne mit Coaching-Bildkarten und stelle den Teilnehmer*innen Fragen wie die obigen. Bei dieser Art der Reflexion betrachten Menschen Fragestellungen oft anders und kommen so auf andere Ideen und Lösungen.

Coaching-Bildkartensets kannst du online kaufen. Das Ganze lässt sich aber auch virtuell abbilden: Beispielsweise kannst du die Teilnehmer*innen auf www.pixabay.com oder www.pexels.com Bilder suchen lassen. Alternativ kannst du auch selbst eine Auswahl von Bildern treffen und dir mithilfe eines digitalen Whiteboards ein virtuelles Coaching-Kartenset zusammenstellen.

Probiere diese Optionen gerne bei dieser Übung aus und schaue, wie es sich für dich selbst anfühlt. Vielleicht besitzt du ja auch bereits schon ein Coaching-Kartenset.

Was sagen dir deine sechs Bilder über die Art und Qualität der Beziehung zwischen dir und dem Team?

Wenn du die Bilder betrachtest, welche Rolle spielst du in diesem Team?

Wo erlebst du Stimmigkeit?

Wo erlebst du vielleicht Konflikte?

Was erzählen dir die Bilder über deine eigene Sichtweise auf das Team?

Hand aufs Herz: Wenn du diese Bilder betrachtest, wie fühlst du dich gerade in diesem Team?

Noch mal Hand aufs Herz: Welchen Beitrag hast du dazu geleistet, dass ihr gerade da steht, wo ihr als Team steht (Positives wie Negatives)?

Reflektiere nun ohne das Betrachten der Bilder weiter:

An welchen Stellen in deiner Vergangenheit hast du schon erfolgreich in Teams gewirkt? Das kann in anderen IT-Projekten, beim Sport, beim Ehrenamt oder bei Sonstigem sein.

Und wenn du an diese Zeit zurückdenkst: Was hat aus deiner Sicht dazu geführt, dass es im Team bei euch gut geklappt hat?

Was führt deiner Meinung nach zu positiven Erfahrungen und zur Entwicklung kooperativen Verhaltens in Teams?

Wie lebst du dieses kooperative Verhalten im Team?

Und nun ganz allgemein: Wie arbeitet aus deiner Sicht ein Team idealerweise zusammen, damit es erfolgreich ist und gemeinsam Ziele bei der Produktentwicklung erreichen kann?

Wenn du an das Team generell denkst: Welche Wünsche hast du an dich und euch? Wie möchtest du in Zukunft gerne zusammenarbeiten?

Wie kannst du die Teamarbeit künftig noch fördern? Schreibe deine Ideen hier auf:

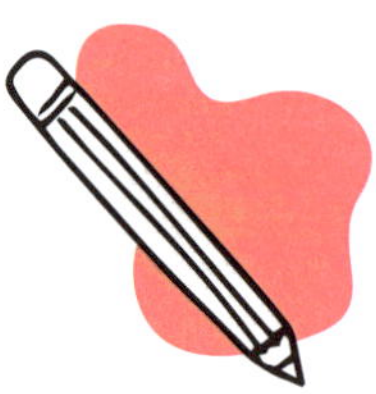

Nutze auch den Experimente-Canvas, um deine Ideen zu konkretisieren, und nimm diese anschließend in dein Lernbacklog auf.

TAG 81: DU ALS TEAMENTWICKLER*IN

Als Agile Coach schlüpfen wir oft in die Rolle als Teamentwickler*in. Denn unser Ziel ist es, Teams aufzubauen, die agil und wertbringend Ergebnisse liefern. Was bedeutet jedoch Teamentwicklung? Und wie zahlst du als Agile Coach genau darauf ein? In dieser Übung hast du die Möglichkeit, diese Fragestellungen zu reflektieren. So hast du Klarheit und Orientierung, woran du gemeinsam mit Menschen und Organisationen arbeiten möchtest und was du in Bezug auf Teamentwicklung bezwecken willst.

Was heißt Teamentwicklung für dich?

Wie zahlst du als Agile Coach darauf ein?

Was willst du in deiner Rolle als Teamentwickler*in bezwecken?

Wie erkennst du die Bedürfnisse deines Teams?

Wie gehst du mit Störungen der Teamentwicklung um?

Wie thematisierst du Ziele oder Störungen der Entwicklung im Team? Tust du es überhaupt?

Wie schaffst du Lernchancen für das Team?

Wo hast du vielleicht bereits erfolgreich ein Team entwickelt und begleitet?

Was möchtest du mal in Bezug auf Teamentwicklung ausprobieren?

Bitte vergiss nicht, dass es bei Teamentwicklung nicht den einen Plan gibt. Jedes Team ist anders! So kann es sein, dass manche Vorgehensweisen bei dem einem Team hilfreich sind und bei einem anderen wiederum nicht.

TAG 82: NENNE SCHLÜSSELATTRIBUTE VON EFFEKTIVEN AGILEN TEAMS

Effektive agile Teams haben nicht nur eine gemeinsame Vision, klare Rollen und Verantwortlichkeiten. Es gibt viele unterschiedliche Schlüsselattribute von effektiven agilen Teams. Identifiziere bei dieser Übung fünf Attribute, die dir spontan einfallen:

1.
2.
3.
4.
5.

Überlege nun noch, welche Herausforderungen du siehst, wenn ein Team zu gleichförmig ist?

Was kannst du als Agile Coach tun, um dieser Gleichförmigkeit entgegenzuwirken?

TIPP

Du hast keine Idee, was du gegen die Gleichförmigkeit machen kannst? Dann erinnere dich zurück an dein Beratungsteam, was würden deine Berater*innen wohl sagen?

TAG 83: DEINE ENERGIEQUELLEN UND -RÄUBER

Die Arbeit mit Menschen kann ziemlich herausfordernd und anstrengend sein. Deshalb sollten wir bei Teamentwicklungsprozessen stets achtsam mit uns selbst sein und immer wieder überprüfen, wie es uns gerade geht. Denn ausgebrannte Team-Coaches bringen nichts.

Mach dir deshalb in dieser Übung bewusst, was dir als Teamentwickler*in Energie gibt und raubt, sodass du eine Übersicht hast, wann du vielleicht besonders achtsam mit dir selbst sein solltest oder was dich zur Hochform auflaufen lässt.

Deine Energieräuber:

Deine Energiequellen:

Wenn du die Energiequellen anschaust, was glaubst du, welche besonderen Kompetenzen du bei der Teamentwicklung hast?

Was sind deine Präferenzen in Bezug auf Teamentwicklung?

Wie zahlen deine Kompetenzen und Präferenzen auf dein Energielevel ein?

Wenn du deine Energieräuber betrachtest, was glaubst du, was dir vielleicht als Teamentwickler*in weniger liegt?

TAG 84: ERARBEITE, WIE SICH TEAMARBEIT ANFÜHLEN SOLL

Hast du dir schon mal die Frage gestellt, wie sich Teamarbeit anfühlen soll? Und diese Gefühle dann so richtig zum Ausdruck gebracht? So kannst du für dich herauskristallisieren, was für dich bei der Teamarbeit wichtig ist, und dich in Zukunft klar positionieren. Versetze dich bei dieser Übung tief in das Gefühl hinein und visualisiere anschließend diese Gefühle.

Schnapp dir hierfür einen leeren Schuhkarton und gestalte diesen entsprechend deiner Gefühle. Alles ist erlaubt: kleben, malen und basteln.

Beobachte einen Alltag und erweitere deine Box regelmäßig, wenn dir neue Ideen einfallen, wie sich Teamarbeit für dich anfühlen sollte.

Was fandest du bei dieser Übung besonders spannend?

Welche Erkenntnisse konntest du gewinnen?

TIPP

Diese Übung kannst du auch mit dem Team zusammen machen. Stellt die Kartons dann in euer Büro, schaut, was andere Menschen in der Organisation dazu sagen, holt euch Feedback ein und lasst die Boxen weiterleben. Falls ihr als Team verteilt seid oder im Homeoffice arbeitet, könnt ihr das Ganze natürlich auch virtuell abbilden, beispielsweise mit einem digitalen Whiteboard. Du wirst sehen, was diese Aktion auslöst, bewirkt und wie sie resoniert. Zudem erinnern die Kartons tagtäglich daran, wie sich Teamarbeit anfühlen soll, und beeinflussen so unterbewusst. Du kennst es sicher auch, dass Sachen schnell wieder vergessen sind, wenn Ergebnisse nur im Confluence dokumentiert sind. Also macht etwas aus den Boxen und arbeitet gezielt mit den Ergebnissen weiter.

ZWISCHENSTOPP: BEFÜLLE DEIN LERNBACKLOG

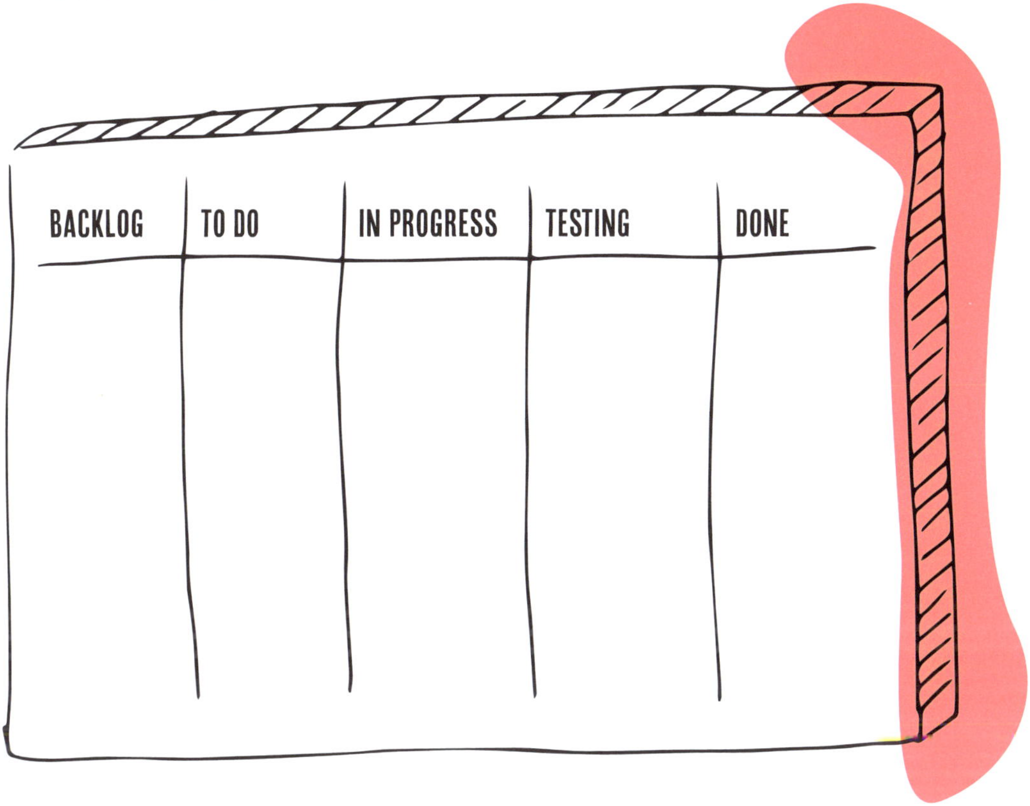

Wow, du bist fast am Ende deiner Agilen Reise! Nimm dir heute noch mal bewusst Zeit, um zu ergründen, welche weiteren Impulse du bis hierher sammeln konntest.

Falls du weitere konkrete To-dos innerhalb der letzten Tage deines Selbstcoachings für dein persönliches Wachstum identifizieren konntest, dann nimm diese mit in dein Lernbacklog auf. Dort kannst du sie priorisieren, weiter definieren und ordnen.

TAG 85: INSPIRATION ZU TEAMBILDUNG UND -ENTWICKLUNG

Jeder Mensch ist individuell, was darauf schließen lässt, dass auch jedes Team individuell ist. Nicht nur aufgrund der Charaktere, sondern auch, weil es mit unterschiedlichen Zielen, Aufgaben und Verantwortlichkeiten vertraut ist. Oder sich die Teams auch in unterschiedlichen Umfeldern bewegen. So individuell, wie die Teams selbst sind, so individuell müssen auch Teambuilding und -entwicklungsmaßnahmen aussehen. Was bei dem einem Team gut funktioniert, kann bei einem anderem komplett schiefgehen. Wir können das Tuckman-Phasenmodell als Hilfestellung zum Teambuilding und zur Teamentwicklung nutzen.

Bruce Tuckman beschreibt in seinem mehrstufigen Tuckman-Phasenmodell jene Phasen, die mehr oder weniger von jedem Team im Teamfindungsprozess durchlaufen werden [16].

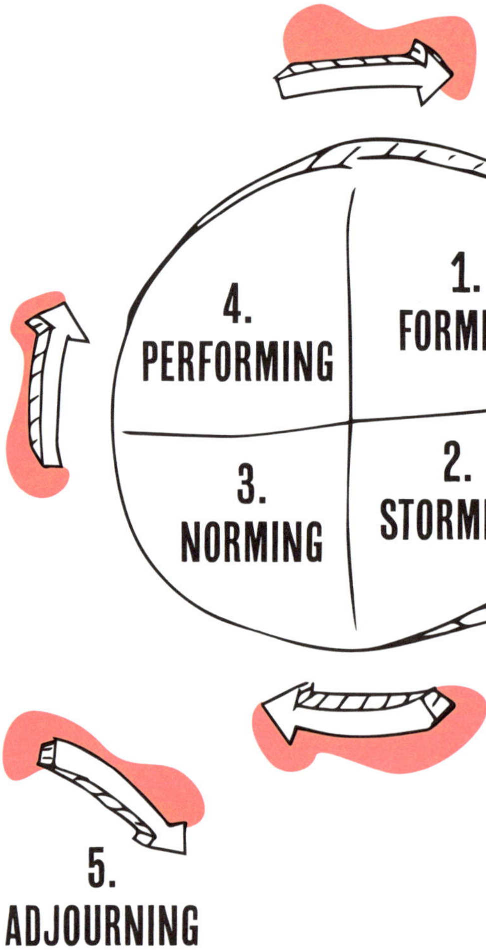

Diese Übung soll dich inspirieren, zu ergründen, welche Impulse und Hilfestellungen zur Teamentwicklung und zum Teambuilding in jeder Phase existieren. Bedenke hierbei auch, dass das Phasenmodell rückläufig angewendet werden kann, beispielsweise immer dann, wenn ein neues Teammitglied geht oder kommt.

Stell dir nun Teams in den unterschiedlichen Phasen vor, bilde Hypothesen, welche Herausforderungen sie haben könnten, und überlege dir Maßnahmen, Hilfestellungen und Impulse, die du in den unterschiedlichen Phasen geben kannst, um den Teamentwicklungsprozess zu fördern:

Phase 1:

Phase 2:

Phase 3:

Phase 4:

Phase 5:

TIPP

Bei unserer Arbeit ist das Erstellen von Arbeitshypothesen besonders wertvoll. Denn sind wir mal ganz ehrlich, wir Coaches sind nicht allwissend, und das System entscheidet immer selbst, welche Impulse es annimmt oder eben auch nicht. Durch das Bilden von Hypothesen können wir jedoch konkrete Ansatzpunkte und mögliche Handlungsschritte formulieren, damit ein Team ins Handeln kommt. Eine mögliche Formulierung für eine Hypothese in unserem Fall könnte beispielsweise sein:

In Phase 1 kann es hilfreich sein, dass das Team möglichst viele Kennenlernübungen macht, sodass sich die Beteiligten auf einer persönlichen Ebene kennenlernen.

Oder:

In Phase 1 kann es hilfreich sein, dass das Team bespricht, was es in der alten Teamkonstellation gut fand und was es in der neuen Teamkonstellation beibehalten will und was auf eine gemeinsame Basis für die Teamarbeit einzahlt.

Hypothesen sind Annahmen und regen die Ideenfindung an. Sie zeigen dir und dem Team Möglichkeiten für nächste Schritte auf. Diese Schritte können dann als Experimente ausprobiert werden. Nach dem Ausprobieren könnt ihr gemeinsam schauen, ob sie euch weitergebracht haben und die Hypothesen bestätigt wurden.

TAG 86: ELF DENKFRAGEN, DIE DICH ALS LERNBEGLEITER*IN IN DER ZUSAMMENARBEIT MIT TEAMS UND MENSCHEN INSPIRIEREN

Lernräume in einem Team oder in einer Organisation zu schaffen, kann viele Vorteile haben. Zum Beispiel bringen Teammitglieder unterschiedliche Erfahrungen und Fähigkeiten ein, was zu kreativeren Lösungen führen kann. Zudem ist es motivierend, gemeinsam an einem Ziel zu arbeiten. Auch entwickeln Teams durch die enge Zusammenarbeit und wenn sie etwas (Neues) lernen ein gemeinsames Verständnis für das zu entwickelnde Produkt. Ein gemeinsames Verständnis sorgt dafür, dass Wissen im Team verteilt ist und nicht nur eine Person mit der Thematik vertraut ist. Stell dir vor, diese Person geht dann in Rente oder kündigt ihren Job! Diese Situation kommt leider oft vor und gilt es auf jeden Fall zu vermeiden.

Du siehst, Lernen im Team hat viele Vorteile. Insgesamt geht es um den Prozess des Erwerbs neuer Kenntnisse, Fähigkeiten und darum, das Verstehen der Materie zu verbessern, die relevant für die Produktentwicklung oder das Produkt selbst ist.

Deshalb dienen dir die folgenden elf Fragen zur Inspiration und Selbstreflexion sowie im ersten Schritt auch zur Bewusstmachung, was du in deiner Rolle als Lernbegleiter*in innerhalb von agilen Teams bewirken kannst.

Schnapp dir die Fragen und reflektiere für dich selbst.

Viel Spaß beim Entdecken!

Was verstehst du unter gemeinsamem Lernen im Team?

Warum und wofür glaubst du, ist Lernen im Team wichtig?

Woran merkst du, dass ein Team lernt?

Wie förderst du eine Feedback- und Lernkultur im Team?

Welche Gelegenheiten und Lernräume schaffst du zum Lernen?

Wie stellst du offene Fragen, die das Lernen fördern? Tust du es überhaupt?

Inwiefern bist du selbst ein Vorbild für das Lernen im Team?

Wie holst du dir selbst Feedback vom Team für deinen eigenen Lernprozess?

Was war bisher deine beste Lernerfahrung?

Wie war das Setting dieser Lernerfahrung?

Was hat die Lernerfahrung so besonders gemacht?

Welche Aha-Momente hattest du beim Reflektieren der elf Denkfragen? Was fandest du spannend, was war dir bereits bewusst, was ist vielleicht wieder mehr in dein Bewusstsein gerückt?

TIPP

Wandel die Fragen zu Wir-Fragen um und nutze sie, um das Thema Lernen innerhalb des Teams anzusprechen. So beziehst du das Team mit ein, und ihr gestaltet gemeinsam, wie ihr im Team lernt. Hier lohnt es sich auch noch mal, deutlich hervorzuheben, warum und wofür das Lernen im Team wichtig ist.

TAG 87: WACHSTUM DURCH FEEDBACK

»Dieses Teammitglied regt mich so richtig auf!« Vielleicht lächelt die Person dich jetzt genau in diesem Moment auch noch freundlich an, so als ob nichts wäre. Unfassbar! Du kennst sie sicher auch, Situationen, die dich echt auf 180 bringen und über die du noch tagelang nachdenkst und grübelst. Das ist nicht nur energieraubend, sondern kann auch echt frustrierend sein. Schlimm wird es dann, wenn sich dieser Frust anstaut. Sind wir jedoch mal ganz ehrlich, höchstwahrscheinlich ahnt dieses eine Teammitglied gar nicht, dass er*sie gerade etwas getan hat, was dich innerlich zum Brodeln bringt. Wahrscheinlich ahnt die Person nicht einmal, dass du so frustriert bist. Und manchmal kommt es ja auch vor, dass wir selbst gar nicht wissen, was uns gerade so sauer macht oder warum wir gerade so frustriert sind. Eins kann ich dir jedoch versprechen, auch wenn es im ersten Schritt schwierig ist: Es lohnt sich, genau hinzuschauen und Feedback zu geben!

Deshalb arbeite ich gerne mit Teams an der gemeinsamen Feedback-Kultur. Ich bin davon überzeugt, dass eine offene Feedback-Kultur auf die Performance von Teams einzahlt. Leider wird Feedback auch häufig mit Problemen gleichgesetzt. Das resultiert daher, dass Feedback-Gespräche oft nur dann initiiert werden, wenn es um Kritik und negative Dinge geht.

Reflektiere an dieser Stelle kurz, was du mit dem Begriff Feedback verbindest:

Was löst der Begriff Feedback bei dir aus?

Welche Situationen fallen dir zu Feedback geben und Feedback nehmen ein?

Sind die Situationen mit positiven oder negativen Gefühlen besetzt?

Auch wenn wir Feedback häufig mit negativen Gefühlen verbinden, ist es enorm wertvoll für Unternehmen und Teams, eine Feedback-Kultur zu etablieren, die Veränderungen fördert und dann wiederum gewinnbringend auf den Organisations- und Teamerfolg einzahlt. In diesem Sinne kann Feedback sowohl positiv als auch kritisch sein! Denn das Positive verstärkt, was wir beibehalten oder intensivieren sollen. Wohingegen das kritische Feedback Wachstumspotenziale aufzeigt.

Wann ist Feedback für dich relevant? Wann mag Feedback im Team relevant sein?

Warum ist eine konstruktive, zukunftsgerichtete Feedback-Kultur für dich wichtig?

Du möchtest mehr darüber erfahren, warum und wofür es sich lohnt, an einer starken Feedback-Kultur innerhalb von Teams zu arbeiten, wie das gelingt und was alles dazugehört? Dann lese gerne diesen Artikel von mir:

https://deine-agile-reise.de/feedbackkultur-starke-teams/

METHODE ZUM FEEDBACK GEBEN

Ich gebe dir noch die WWW-Methode an die Hand, mit der du sowohl kritisches als auch positives Feedback zeitnah geben kannst:

Wahrnehmung

Was? Situation und gezeigtes Verhalten konkret beschreiben

Beispiel: »Mir ist aufgefallen, dass du in den letzten zwei Wochen Informationen zum Thema XYZ nicht oder erst verzögert an mich weitergeleitet hast.«

Wirkung/Konsequenz

Was? Welche Auswirkungen und Konsequenzen hat das Verhalten? Wie empfinde ich das gezeigte Verhalten?

Beispiel: »Mir fehlen dann bei der Bearbeitung wichtige Infos. Das ärgert mich in der Situation, weil ich meine Arbeit nicht abschließen kann.«

Wunsch/Erwartung

Was? Gewünschtes oder erwartetes Verhalten beschreiben

Beispiel: »Ich möchte gerne, dass du mir in Zukunft die Informationen zum Thema XYZ zeitnah weiterleitest. Können wir uns darauf einigen?«

Du stellst dir jetzt vielleicht die Frage, was beim Feedback geben zusätzlich wichtig ist. Es gibt typische Dos und typische Don'ts in der Gesprächsführung.

Meine drei Tipps für absolute Dos:

- **Ich-Botschaften formulieren**
- **Ziel kontinuierlich im Blick behalten**
- **Partnerschaftliche Haltung und Umgang auf Augenhöhe**

Meine drei Hinweise für absolute Don'ts:

* Du-Botschaften: Du hättest auf jeden Fall … Ständig musst du …
* Herunterspielen: Das ist doch nicht so schwierig.
* Unterstellungen und Bewertungen: Du regst dich ja nur auf, weil … Das liegt nur daran, weil du …

Zuletzt bekommst du noch ein Arbeitsblatt, sodass du üben kannst, konstruktiv Feedback zu geben:

WARUM UND WOFÜR WILLST DU DAS FEEDBACK GEBEN?	
WAHRNEHMUNG Was ist konkret die Situation und das gezeigte Verhalten? Schreibe wirklich objektiv, was passiert ist - alles, was eine Kamera auch aufnehmen würde.	
WIRKUNG Welche Auswirkungen/Konsequenzen hat das Verhalten? Wie empfinde ich das gezeigte Verhalten?	
WUNSCH Was willst du in Zukunft bezwecken? Was ist das gewünschte/erwartete Verhalten?	
DEINE REMINDER: WORAUF WILLST DU BEIM FEEDBACK GEBEN BESONDERS ACHTEN?	

Du möchtest dieses Arbeitsblatt für deine Teams oder dich selbst nutzen? Hier geht es zur Vorlage:

https://deine-agile-reise.de/feedback-vorlage

Viel Spaß beim Feedback geben und nehmen!

TAG 88: GEMEINSAM IM TEAM ENTSCHEIDUNGEN TREFFEN

Wer mag es nicht? Agile Entscheidungsfindungen, die effizient sind und bei denen jede*r eine Chance hat, seine Meinung zu äußern, wenn er*sie es möchte und es sinnvoll ist.

Die aktive Beteiligung aller Teammitglieder kann unter anderem auch ein Gefühl der gemeinsamen Verantwortung für die Produktentwicklung fördern. Zudem ermöglicht es Teams, Fortschritte auch in unsicheren oder schnell verändernden Umgebungen zu machen und schnell voranzukommen.

Beschreibe deshalb bei dieser Übung drei Wege oder Methoden, mit denen ein Team endgültige Entscheidung erreichen kann.

TAG 89: 13 DENKFRAGEN, DIE DICH ZUR TEAM-EFFEKTIVITÄT UND -EFFIZIENZ INSPIRIEREN

Agilität ist kein Selbstzweck. Die Ziele hinter agilen Methoden, Arbeitsweisen und Prozessen sind ganz klar: Teams und Organisationen verbessern das Arbeitsumfeld, um die Ergebnisse zu verbessern. Denn unser Marktumfeld ist gekennzeichnet von Veränderungen, neuen Entwicklungen oder sogar Disruptionen. Organisationen müssen schneller und vorausschauender arbeiten. Sie müssen die Fähigkeit haben, sich den verändernden Marktbedingungen anzupassen, bewusst und rechtzeitig Entscheidungen zu treffen, Chancen wahrzunehmen und auf Veränderungen zu reagieren, um Wertschöpfung, Nachhaltigkeit und Kundennutzen zu sichern.

Mit Agilität wollen wir also die Ziele der Organisation besser erreichen und nicht Agilität selbst als Ziel erreichen. Und ob ein agiler Ansatz die Organisation wirklich besser macht, ist erst mal eine reine Hypothese und muss sich noch beweisen. Deshalb ist eine Experimentierkultur wichtig.

Nutze die Denkfragen zur Inspiration und Selbstreflexion, und vor allem, um dir bewusst zu machen, was du alles dafür tun kannst, damit die Teams und die Organisation effektiver und effizienter werden können.

13 Denkfragen zur Effektivität und Effizienz des Teams

1. Wie hilfst du jedem*jeder Einzelnen, das Warum und Wofür hinter Agilität zu verstehen?

2. Wie hilfst du jedem*jeder Einzelnen, sich auf Veränderungen und Experimente einzulassen?

3 Wie hilfst du jedem*jeder Einzelnen, besser zu werden?

4 Wie hilfst du dem Team, die Messlatte höher zu legen, damit es sich kontinuierlich verbessert?

5 Wie hilfst du dem Team, Markttrends und -veränderungen im Blick zu behalten?

6 Wie hilfst du dem Team, mögliche Verbesserungsansätze zu finden?

7. Wie hilfst du dem Team, effektive Kommunikationsfähigkeiten zu entwickeln?

8. Kennst du die fünf Dysfunktionen eines Teams? Nenne drei Beispiele, wie du sie verringern oder vermeiden kannst?

Du möchtest mehr über die fünf Dysfunktionen erfahren? Dann empfehle ich dir das Buch »Die fünf Dysfunktionen eines Teams« von Lencioni:

https://tinyurl.com/5-Dysfunktionen

9. Wie coachst du das Team zu mehr Kollaboration?

10. Wie hilfst du dem Team, auch auf das Liefern von Kunden- und Marktnutzen fokussiert zu sein?

11 Wie hilfst du dem Team dabei, das Richtige zu tun?

12 Wie hilfst du dem Team dabei, auf das Erreichen von Zielen fokussiert zu sein?

13 Wie erinnerst du dein Team an Vereinbarungen, beispielsweise Richtlinien?

Wandel die Fragen zu Wir-Fragen um und nutze die Denkfragen, um die Themen Effektivität und Effizienz innerhalb deines Teams zu thematisieren. So beziehst du das Team mit ein, und ihr gestaltet gemeinsam den Wandel. Hier lohnt es sich auch, deutlich hervorzuheben, warum und wofür wir Agilität mit den damit einhergehenden agilen Methoden und Prozessen benötigen.

TAG 90: REFLEKTIERE, WIE WERTVOLL DEINE RETROSPEKTIVEN SIND

Bei der letzten Übung haben wir uns mit Effektivität und Effizienz beschäftigt. Vielleicht hast du da bereits an Retrospektiven gedacht. Denn sie helfen Teams und Organisationen dabei, die richtigen Dinge zu tun und diese Dinge dann wiederum richtig zu machen. Retrospektiven bieten den Teams Raum, um aus der Vergangenheit zu lernen. Es wird analysiert, was gut lief, was nicht so gut lief, was gelernt wurde, was noch besser sein könnte, um dann konstruktive Verbesserungsmaßnahmen für die künftigen Iterationen abzuleiten.

Meine Erfahrung ist jedoch, dass Teams häufig Retrospektiven als unnötiges Meeting betrachten oder immer wieder die gleichen Dinge diskutieren, die eigentlich keine*r mehr hören kann, und trotzdem ändern sie nichts. Auch erlebe ich oft, dass Scrum Master Retrospektiven zu ihrem Meeting machen. Persönlich denke ich, dass dies der falsche Ansatz ist, denn die Retrospektiven müssen das Team weiterbringen. Deshalb sollten Agile Coaches und Scrum Master das Meeting genau im Auge behalten und stetig auf Sinnhaftigkeit und Werterbringung für das Team überprüfen.

In dieser Übung ermutige ich dich, genau diese Sinnhaftigkeit und Werterbringung zu betrachten. Hierfür habe ich dir ein Reflexions-Retrospektiven-Sheet erstellt. Scanne den QR-Code und lade dir gerne das Reflexions-Retrospektiven-Sheet herunter:

`https://deine-agile-reise.de/retro-reflexions-sheet/`

Mit diesem Sheet kannst du regelmäßig deine Retrospektiven reflektieren und schauen, wie viel Mehrwert du mit diesen generierst. Probiere es für deine letzte Retrospektive direkt mal aus!

Dein Reflexions-Retrospektiven-Sheet

Auf einer Skala von 1 (gar nicht) bis 10 (sehr viel), wie viel Mehrwert wurde durch die Retrospektive im Team generiert?

Woran machst du diesen Skalenwert fest?

Was muss passieren, dass du einen Skalenpunkt höher kommst?

Auf einer Skala von 1 (wertvolle Zeit verloren) bis 10 (Zeit sinnvoll genutzt), wie empfindest du den Return on Invested Time für diese Retrospektive?

Anhand was machst du den Return on Invested Time fest?

Was lief gut?

Was lief nicht so gut?

Was hast du gelernt?

Was solltest du bei der nächsten Retrospektive anders machen?

Wie kannst du sicherstellen, dass du wirklich Mehrwert für das Team mit der Retrospektive generierst?

Welche Action Items werden in der nächsten Iteration umgesetzt?

Wie stellst du mit dem Team sicher, dass die Retrospektive-Maßnahmen wirklich umgesetzt werden?

Warte nun ab, bis die nächste Iteration, für die ihr eure Action Items abgeleitet habt, beendet ist, und reflektiere folgende Fragen:

Hat die Retrospektive eine Verbesserung gestützt?

Habt ihr eure Veränderungsmaßnahmen der letzten Iteration umgesetzt?

Wie ist das euch gelungen? Was hat euch dabei geholfen?

Falls ihr die Veränderungsmaßnahmen nicht umgesetzt habt, dann reflektiere, woran es gelegen hat und was du künftig ausprobieren möchtest:

Nimm diese Veränderungsmaßnahmen auch mit in dein Lernbacklog auf.

Verdeutliche dem Team, dass du die Retrospektiven nicht für dich machst, sondern dass es ein Team-Meeting ist, das gemeinsam gestaltet werden darf. Beziehe das Team beim Setup der Retrospektive mit ein. Frage beispielsweise, ob es Wünsche für die Retrospektive gibt, ob bestimmte Themen oder Ereignisse im Raum stehen, die detaillierter besprochen werden sollten, was die drei wichtigsten Themen sind, die diskutiert werden müssen, und welche Erwartungen die Teammitglieder mit der nächsten Retrospektive verbinden.

Frage das Team auch nach jeder Retrospektive nach persönlichem Feedback. Gerne mit den Fragen aus dem Reflexions-Retrospektiven-Sheet. So förderst du nicht nur eine offene Feedback-Kultur, sondern du gehst proaktiv als Vorbild voran und zeigst, dass nichts Schlimmes daran ist, sich Feedback einzuholen, und dass du an der Meinung des Teams interessiert bist.

TIPP

Du brauchst etwas Inspiration für deine Retrospektiven? Dann kann ich dir folgende Webseite empfehlen:

https://tinyurl.com/inspiration-retromat

TAG 91: ÜBERLEGE DIR DREI WEGE, UM MIT KONFLIKTEN UMZUGEHEN

Sicherlich gerätst du als Agile Coach manchmal in Situationen, in denen es Konflikte zwischen Menschen oder innerhalb von Teams gibt. Konflikte können nicht nur das Unwohlsein von Mitarbeiter*innen fördern, sondern auch das Team und den Prozess aufhalten. Überlege dir deshalb drei Wege, um mit Konflikten umzugehen. Vergleiche diese und reflektiere dabei deine eigenen grundsätzlichen Verhaltensmuster.

ZWISCHENSTOPP: REFLEKTIERE DEIN WUNDER

Weißt du noch? Als wir das letzte Mal über dein Wunder reflektiert haben, hast du Schritte abgeleitet, die du gehen wirst, um es zu erreichen. Heute erstellen wir einen Zeitstrahl für diese Schritte.

Bis wann willst du die Schritte gegangen sein? Male dir eine Zeitleiste und trage diese Schritte dort ein:

Was davon kannst du noch diesen Monat erledigen?

Wie stellst du sicher, dass du die Schritte wirklich gehst?

Du hast keine Idee, wie du sicherstellst, dass du die Schritte wirklich gehst? Setze dir beispielsweise wiederkehrende Reminder in den Kalender, die dich daran erinnern. Hinterlege dort auch deine Meilensteine oder Schritte, sodass du immer weißt, was du als Nächstes angehen kannst. Natürlich sollten die Meilensteine und Schritte realistisch und in diesem Zeitraum für dich erreichbar sein.

TAG 92: GEMEINSAM WANDEL GESTALTEN

Vielleicht arbeitest du manchmal mit Führungskräften. Vielleicht führst du manchmal agile Rahmenwerke, Methoden oder Prozesse ein. Vielleicht hilft du Teams, hochperformant zu werden oder ihre Arbeitsabläufe zu verbessern. Egal, wie deine Spezialisierung als Agile Coach ist: Du hast sicher gemerkt, dass es nicht ausreicht, den Menschen einfach nur zu sagen, was sie tun sollen und was nicht. Die Menschen brauchen Begleitung – mal mehr, mal weniger. Und vor allem müssen sie die Motivation verstehen, die hinter einem Wandel steckt. Den Sinn und Zweck. Deshalb stellt sich die Frage: Wie kannst du Teams und Organisationen motivieren, offen für Neues zu sein, um so die gewünschten Veränderungen zu erzielen? Das gemeinsame Gestalten hat viele Vorteile, beispielsweise können wir dadurch Widerstände geringer halten. Zudem sind mehrere Köpfe besser als einer, oder nicht?

Heute reflektierst du, wie du gemeinsam mit deinem Team Wandel gestaltest und die Mitarbeiter*innen mit einbeziehst. Schreibe alles auf, was dir zu folgenden Fragen einfällt:

Was bedeutet für dich das gemeinsame Gestalten von Veränderungen innerhalb eines Teams oder einer Organisation?

Auf einer Skala von 1 (gar nicht) bis 10 (sehr), wie sehr gestaltest du gemeinsam mit dem Team Wandel in der Organisation oder innerhalb des Teams?

Wie sieht dieses gemeinsame Gestalten von Wandel innerhalb der Organisation oder innerhalb des Teams aus?

Welche Szenarien fallen dir dazu ein?

Was könntest du dafür tun, um einen Skalenpunkt höher zu kommen?

Wie oft stößt du auf Widerstand?

Woran könnte das liegen?

TAG 93: ÜBERLEGE DIR DREI METHODEN ZUR VERBESSERUNG DER TEAM-PERFORMANCE

Als Agile Coach wollen wir die Team-Performance steigern und das Team dorthin entwickeln, wertbringend Inkremente zu liefern. Mache dir deshalb mit dieser Übung drei Methoden zur Verbesserung der Team-Performance bewusst.

Methode 1:
Beschreibe, wie diese Methode zur Verbesserung der Team-Performance beiträgt:

Methode 2:
Beschreibe, wie diese Methode zur Verbesserung der Team-Performance beiträgt:

Methode 3:
Beschreibe, wie diese Methode zur Verbesserung der Team-Performance beiträgt:

Du hast keine Idee? Dann scanne diesen QR-Code und lass dich mit diesem Kurzvideo von meinen Lösungen inspirieren:

https://deine-agile-reise.de/team-performance/

TAG 94: PROBIERE 26 KRAFTVOLLE FRAGEN FÜR DIE ERSTELLUNG VON ZUKUNFTSBILDERN AUS

Ist dir schon mal aufgefallen, dass Teams oft nur das sehen, was sie nicht wollen oder was nicht funktioniert. Sie richten ihren Fokus auf Fehler und Zweifel. Sie erlauben sich nicht, Szenarien zu erschaffen, bei denen ihre Vorstellungen wahr werden. Außerdem ist es oft so, dass sie aufhören, ihrem Umfeld zu sagen, wo sie hinwollen, wenn sie aufhören, an sich und ihre Vorstellungen zu glauben. Berechtigterweise stellt sich jetzt die Frage, wie wir am besten Zukunftsbilder gemeinsam mit Teams generieren, die langfristig motivieren. Denn Veränderung beginnt im Kopf! Deshalb gebe ich dir heute 26 kraftvolle Fragen mit auf deinen Weg, die dir dabei helfen, Zukunftsbilder für Veränderungsvorhaben zu erstellen.

Probiere die Fragen aus, wenn du mit deinem Team überlegst, welche Änderungen ihr vornehmen werdet. Natürlich sind 26 Fragen recht viel, deshalb picke dir die Fragen heraus, die sich für dich am stimmigsten anfühlen.

Wenn du dir die Fragen herausgepickt hast, die für dich am stimmigsten sind, kannst du dir einen Canvas erstellen. Ich nenne diesen Vorhaben- oder Veränderungs-Canvas.

26 kraftvolle Fragen, die dir helfen, gemeinsam mit deinem Team ein Zukunftsbild zu erstellen:

1. Warum und wofür soll die Veränderung vollzogen werden?
2. Wie sieht die Zukunft aus?
3. Was wird das wunderbare, ersehnte Ergebnis sein, wenn wir den Wandel vollzogen haben?
4. Was werden wir dann erleben und erfahren, das uns begeistert, uns nützt, uns zufrieden und glücklich macht?
5. Wie sieht die Zukunft aus, die viele Vorteile und persönlichen Nutzen für die Organisation, Kund*innen, Team und Mitarbeitende hat?
6. Wie sieht die Organisation oder das Team aus, wenn wir mit der Veränderung fertig sind?

7. Welchen Vorsprung werden wir dann gegenüber unseren Wettbewerber*innen haben?
8. Woran werden wir erkennen, dass wir unser ersehntes Zukunftsbild erreicht haben?
9. Was wird dann alles besser sein? Was bringt das?
10. Wenn wir das Zukunftsbild erreicht haben, was ist der Nutzen für die Mitarbeiter*innen, für die Kund*innen, für das Unternehmen?
11. Was sind die nächsten Schritte, um unsere Zukunft oder die Veränderung zu erreichen?
12. Wer ist direkt oder indirekt von der Veränderung betroffen?
13. Welche Personen, Abteilungen und Prozesse müssen mitwirken, um die Verbesserung oder die Veränderung zu erzielen?
14. Warum ist das, was wir machen wollen, wichtig für die Organisation oder das Team?
15. Warum ist der aktuelle Zustand nicht mehr passend?
16. Bis wann sollen erste Veränderungen oder erste Schritte erreicht worden sein?
17. Wann erkennen wir, dass wir Vorteile durch die Veränderung geschaffen haben?
18. Wie arbeiten wir Feedback ein?
19. Wann reflektieren wir, ob wir immer noch auf dem richtigen Weg sind oder unser Zukunftsbild sich weiterentwickelt hat?
20. Wann und wie entwickeln wir das Zukunftsbild weiter?
21. Welche Hilfe oder Aktionen brauchen wir, um unser Zukunftsbild zu erreichen?
22. Wer ist alles im Veränderungsteam?
23. Welche Kompetenzen und Skills brauchen wir im Team?
24. Welche Beweise haben wir bereits, dass das Zukunftsbild wahr ist?
25. Welches eigene Verhalten ist notwendig, um das Zukunftsbild zu erreichen?
26. Was wirst du selbst zum Erfolg beitragen?

Und dann geht es los! Ermutige das Team, nicht darauf zu warten, dass etwas im Außen passiert oder ihm jemand sagt, was es tun soll. Die Veränderung und Entwicklung ist ein Erschaffungsprozess, der das Team auffordert, selbst aktiv zu werden – zu 100 Prozent!

Hast du ein Zukunftsbild mit deinem Team erstellt und dann validiert? Holt euch Feedback ein. Malt euch erste Schritte aus. Erstellt eine Roadmap basierend auf dem Zukunftsbild. Vereinbart Termine für regelmäßige Treffen. Trackt eure Fortschritte. Messt euren Erfolg.

Natürlich ist es wichtig, in Erinnerung zu behalten, dass dieses Zukunftsbild ein erstes Gerüst ist. Vielleicht hilft es, es mit einer Version 1.0 zu markieren, um regelmäßig einen Blick drauf zu werfen und Feedback einzuarbeiten. Zukunftsbilder leben und entwickeln sich weiter. Wenn du merkst, dass Widerstand aufkommt, dann helfe dem Team und zeige ihm, dass Veränderungen Experimente sein dürfen. So gewöhnt sich das Team an die neue Art und Weise, zu arbeiten.

Visualisiert das Ergebnis und hängt es gut sichtbar auf, sodass ihr das Bild jeden Tag vor euch seht.

TAG 95: FRAGEND IN DIE ZUKUNFT!

Wie du im Laufe der Agilen Reise vielleicht schon festgestellt hast, bin ich ein großer Fan davon, Fragen zu stellen. Hierbei meine ich Fragen, die Menschen zum Nachdenken anregen, sodass sie auf neue Möglichkeiten und Ideen kommen, oder Fragen, die andere Sichtweisen provozieren. So kannst du auch Veränderungen anstoßen, sodass Teams selbst aktiv werden – oft ohne Widerstand. Lass uns deshalb in dieser Übung reflektieren, wie du fragend bei Veränderungsvorhaben vorgehst.

Angenommen, ich würde ein Teammitglied fragen, ob du eher fragend vorgehst oder eher Lösungen vorgibst, was würde mir das Teammitglied erzählen?

Welche guten Fragen könntest du stellen, damit du Menschen zum Nachdenken anregst? Erstelle ein Set mit deinen 10 Lieblingsfragen:

1.
2.
3.
4.
5.
6.
7.
8.
9.
10.

Du hast noch keine Ideen, was deine Lieblingsfragen sind, die so richtig zum Nachdenken anregen? Dann empfehle ich dir das Buch »Fragen können wie Küsse schmecken« von Kindl-Beilfuß:

https://tinyurl.com/fragen-kuesse

TAG 96: TEAMKULTUR FÖRDERN

Kennst du den Spruch »Hire for attitude, train for skills«? Er besagt, dass Leistung und Hard Skills nicht alleine wichtig sind, sondern es viel mehr auf die Haltung ankommt. Oft reichen das Wissen und die Skills von Fachexpert*innen alleine nicht aus. Denn diese Expert*innen müssen auch in die Organisationskultur und das Team hineinpassen, um ihr volles Potenzial zu entfalten.

Der Kommunikationswissenschaftler Paul Watzlawick sagt, dass diejenigen Teams am erfolgreichsten sind, die sowohl eine hohe Sach- als auch eine hohe Beziehungsorientierung zeigen. Dies verdeutlicht er mit vier verschiedenen Ausprägungen von Teamkultur:

- Underachiever-Team
- Zweckgemeinschaft
- Kuschelteam
- Spitzenteam

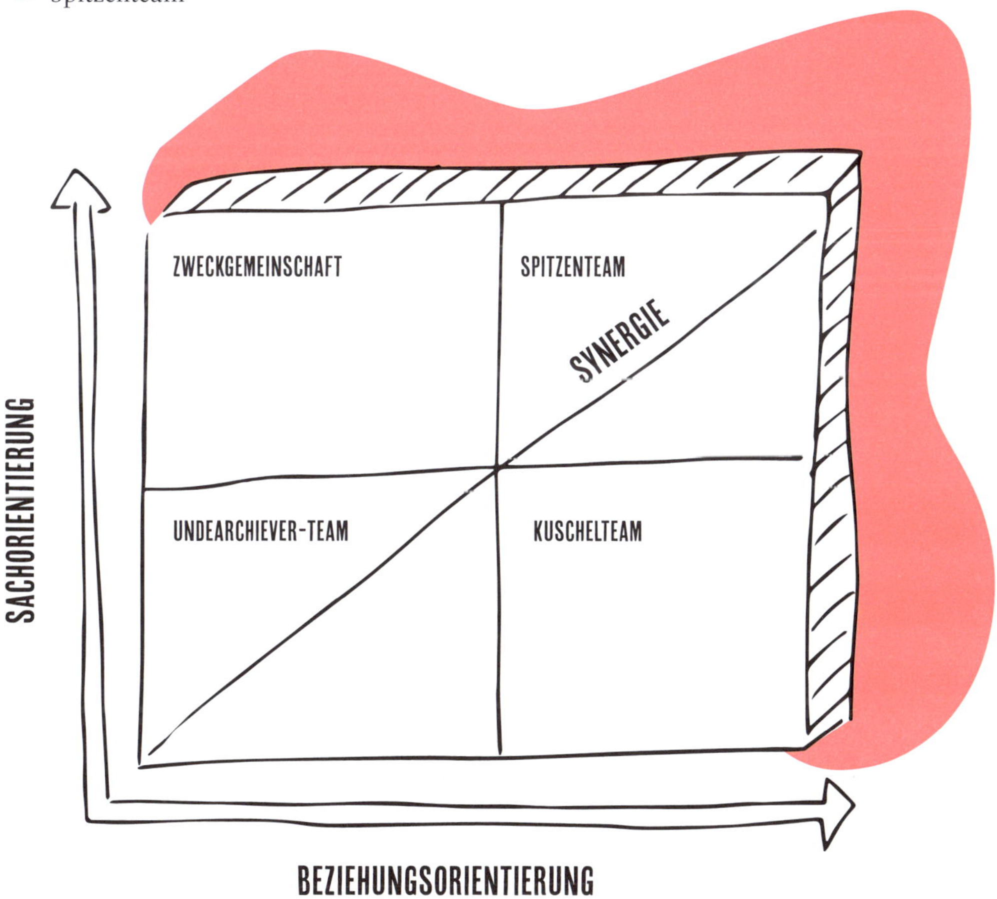

Reflektiere in dieser Übung die vier Ausprägungen, um zu analysieren, wo dein Team steht und wie Teamkultur entsteht. Vielleicht entdeckst du so auch Potenziale, an denen du künftig gemeinsam mit deinem Team arbeiten möchtest.

Angenommen, du müsstest dein Team in eine der Kategorien einordnen, wo würde es sich wiederfinden?

Woran machst du diese Einordnungen fest?

Was macht ihr bereits in Bezug auf die Sach- und Beziehungsorientierung gut?

Was kannst du konkret dafür tun, dass sich die Sachorientierung im Team noch verbessert? Beispielsweise Vision, Rollen, Aufgaben, Ziele, Verantwortungen klären und abstimmen.

Was kannst du dafür tun, dass sich die Beziehungsorientierung im Team verbessert?

Wie entsteht deiner Meinung nach Teamkultur?

Losgelöst von allem, was gerade ist, was macht für dich eine besonders gute Teamzusammenarbeit und somit auch Teamkultur aus?

Was könnten Herausforderungen bei der Entwicklung einer guten Zusammenarbeit und somit Teamkultur sein? Vielleicht kennst du das Zitat »Probleme sind verkleidete Ziele«. Welche Ziele könnten sich hinter diesen Problemen verstecken? Worauf solltest du bei der Entwicklung einer guten Zusammenarbeit und Teamkultur besonders achten?

TIPP

Besprich die Themen Zusammenarbeit und Teamkultur gemeinsam im Team. Du kannst beispielsweise einen Workshop veranstalten, in dem du das Team fragst, woran es eine gute Zusammenarbeit und Teamkultur erkennt. Das Ergebnis kannst du dann als Agreement zusammenfassen und regelmäßig mit dem Team reflektieren, wo ihr gerade steht, was sich noch ändern sollte, was bereits gut läuft oder auch, was ihr auf keinen Fall intensivieren wollt. So bindest du das Team proaktiv mit in den Wandel ein, besprichst unterschiedliche Perspektiven, baust Verständnis auf und schaffst Zugehörigkeit im Team.

TAG 97: GEMEINSAM ERFOLGE FEIERN!

Oft habe ich das Gefühl, dass unsere Gesellschaft sehr negativ ist und sich auf das fokussiert, was noch nicht funktioniert, anstatt das zu sehen, was bereits da ist. Häufig sagen meine Kund*innen, wenn ich neu zu Projekten stoße: »Ich möchte, dass das Team auch mal seine Erfolge sieht.« Schaue ich dann genauer in die Teams hinein, werden Dinge, die sie erreicht haben, schnell mit einem »Das war ja nichts Besonderes« abgetan. Ich bin ein großer Fan davon, dass wir uns die kleinen Erfolge, die wir tagtäglich erleben und erreichen, auch bewusst machen. Denn das sind Erfolge, die uns stetig und nachhaltig im Alltag weiterbringen. Das mag daran liegen, dass ich selbst sehr zielstrebig bin und irgendwann feststellen musste, dass ich nicht einmal meinen Bachelor- und Masterabschluss gefeiert habe. Ich war immer darauf fokussiert, was als Nächstes kommt, anstatt einfach mal zu genießen und mir selbst ein Lob auszusprechen.

Es gibt genug Studien, die verdeutlichen, was Mitarbeiter*innen bei der Arbeit frustriert und warum sie sich nach neuen Möglichkeiten umsehen und kündigen. Oft passiert dies bei mangelnder Anerkennung und Wertschätzung am Arbeitsplatz [17]. Andere Studien zeigen, dass Mitarbeiter*innen produktiver sind, wenn sie echte Anerkennung und Wertschätzung am Arbeitsplatz erfahren [18]. Kein Unternehmen kann sich gute Mitarbeiter*innen leisten, die unproduktiv sind oder gar kündigen.

Meiner Meinung nach zahlt das ehrliche Feiern von Teamerfolgen auf eine gute Teamkultur ein. Ich möchte dich ermutigen, dass du dir genauer anschaust, welche Bedeutung Anerkennung, Wertschätzung und Erfolge feiern für dich in der Zusammenarbeit mit Menschen hat.

Was ist deine Definition von Erfolg?

Welche Beachtung schenkst du Fortschritt?

Welche kleinen Erfolge siehst du im täglichen Doing als wichtig an?

Wie zeigst du, dass diese kleinen Erfolge wichtig sind?

Wie kannst du Erfolge im Team feiern? Welche Rituale habt ihr, um Erfolge zu feiern?

Was glaubst du, woran es liegt, dass andere manchmal ihre Erfolge nicht sehen?

Diskutiert ihr im Team mehr Erfolge oder diskutiert ihr mehr Rückschläge?

Angenommen, du würdest Erfolge genauso lange diskutieren wie Rückschläge, was wäre dann anders?

Was kannst du dafür tun, dass das Team seine Erfolge anerkennt?

Besprecht im Team, warum und wofür es im Team wichtig ist, Erfolge zu feiern. Dann könnt ihr aufarbeiten, was ihr gemeinsam dafür tun wollt, um Erfolge authentisch zu feiern, wie genau das aussehen soll und welche Räume und Möglichkeiten ihr dafür schaffen werdet.

Bedenke, dass auch Fehlschläge eine Quelle fürs Feiern sein können, wenn beispielsweise ein Teammitglied durch das Scheitern etwas gelernt hat. Zur grafischen Darstellung von Lernerfolgen kannst du ein Celebration Grid nutzen. Die Idee für Celebration Grids stammt aus dem Management 3.0 Toolkit:

https://tinyurl.com/Managing-for-happiness

TAG 98: REFLEKTIERE, WIE DU ANDERE WERTSCHÄTZT

Bei der letzten Übung wurde hervorgehoben, dass Mitarbeiter*innen teilweise unzufrieden sind, weil sie zu wenig Wertschätzung am Arbeitsplatz erfahren [17]. Lass uns deshalb in dieser Übung reflektieren, was Wertschätzung innerhalb von Teams bewirken kann.

Mit echter Anerkennung und Wertschätzung meine ich nicht, dass die Organisation Wertschätzung als Programm begreift, das einfach so abläuft, sondern eine Haltung, die aufrichtige und ernst gemeinte Anerkennung und Wertschätzung zulässt.

Was bedeutet Wertschätzung für dich?

Wann fühlst du dich wertgeschätzt?

Was glaubst du, dass Wertschätzung am Arbeitsplatz bewirken kann? Positives als auch Negatives.

Woran erkennst du Wertschätzung, wenn es dir nicht direkt gesagt wird?

Welche Art der Wertschätzung löst bei dir ein besonders gutes Gefühl aus?

Wie wertschätzt du andere?

Wie zeigst du anderen dein Interesse und deine Anerkennung?

Weißt du, was deinen Teammitgliedern besonders viel bedeutet?

Was könnt ihr dafür im Team tun oder was tut ihr bereits schon, damit sich alle gegenseitig wertgeschätzt fühlen und Wertschätzung für ihre Arbeit aufbringen?

Wie zeigst du Interesse an den Fähigkeiten, Stärken und Potenzialen anderer?

Was hat das Interesse mit Wertschätzung zu tun?

Was nimmst du aus dieser Übung mit?

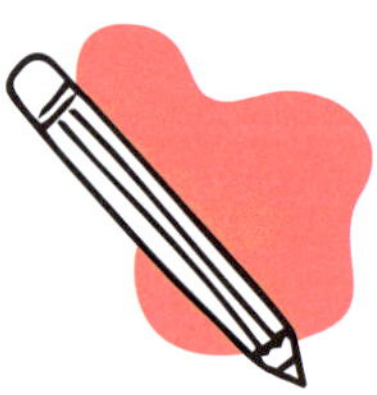

Möchtest du ein Wertschätzungs-Experiment starten? Dann nimm das Thema mit in dein Lernbacklog auf!

TAG 99: GEMEINSAM SIND WIR AGIL UND STARK

Hast du schon mal gemeinsam mit deinem Team eure Stärken und Schwächen analysiert? In dieser Übung wollen wir lösungsorientiert den Boden für die Zukunft bereiten und schauen, wo sich Potenziale im Team verstecken, an denen ihr dann gemeinsam arbeiten könnt. Mache diese Übung zusammen mit deinem Team.

Analyse Stärken:

Welche Stärken haben wir, um Marktchancen zu nutzen?

Welche Stärken haben wir, um auf Marktbedingungen zu reagieren?

Welche Stärken haben wir, um Entscheidungen bewusst und rechtzeitig zu treffen?

Welche Stärken haben wir, um Kundennutzen zu stiften?

Welche Stärken haben wir, um Herausforderungen zu bewältigen?

Welche Stärken haben wir, um ein agiles Team zu sein?

TIPP

Ist dir aufgefallen, dass bei dieser Übung nur die Auswirkungen wie verpasste Chancen und Risiken zur Geltung kommen und nicht direkt die Schwächen? Durch diesen Ansatz bleibt der Prozess motivierend und weniger schuld- und problemorientiert.

Analyse Schwächen:

Welche Marktchancen verpassen wir möglicherweise, basierend auf unseren Schwächen?

Wo reagieren wir möglicherweise zu langsam auf Veränderungen, basierend auf unseren Schwächen?

Angenommen, wir reagieren immer rechtzeitig auf Veränderungen: Wie haben wir das getan? Welche Skills haben wir? Was machen wir anders als sonst?

Welche Entscheidungen treffen wir möglicherweise nicht rechtzeitig, basierend auf unseren Schwächen?

Angenommen, wir treffen Entscheidungen immer rechtzeitig: Wie haben wir das getan? Welche Skills haben wir? Was machen wir anders als sonst?

Wo generieren wir möglicherweise keinen Kund*innennutzen, basierend auf unseren Schwächen?

Angenommen, wir generieren immer Kund*innennutzen: Wie haben wir das getan? Welche Skills haben wir? Was machen wir anders als sonst?

Was lässt uns möglicherweise nicht agil sein, aufgrund unserer Schwächen?

Angenommen, wir arbeiten immer agil: Wie haben wir das getan? Welche Skills haben wir? Was machen wir anders als sonst?

Welche Herausforderungen haben wir, aufgrund unserer Schwächen?

Angenommen, wir haben keine Herausforderungen: Wie haben wir das getan? Welche Skills haben wir? Was machen wir anders als sonst?

Um noch mehr Perspektiven für das Thema Stärken und Schwächen zu bekommen, mach die Übung gerne zusammen mit dem Team. Du wirst überrascht sein, welche Erkenntnisse ihr gewinnt und wie ihr den Boden für die Zukunft bereitet und welche Möglichkeiten sich zur Team- oder Organisationsentwicklung in Bezug auf Agilität auftun, da sie Grundbausteine für weitere Aktivitäten bildet.

REISE-HIGHLIGHTS: DEINE LEARNINGS ZUR LETZTEN REISESTATION

Wow! Was für entdeckungsreiche Tage, oder?

Mache in dieser letzten Übung der vierten Reisestation eine Art Review: Denke hierfür über deinen bisherigen Fortschritt, den Stand und nächste Entwicklungsschritte des Selbstcoachings nach. Zur Hilfestellung habe ich dir ein Aha-Sheet zusammengestellt, mit dem du über alle deine Aha-Momente nachdenken kannst.

Behalte hierfür das Motto »Change it, love it, or leave it« im Hinterkopf. Denn es kann sein, dass du vielleicht gar keine Entwicklungsschritte siehst und einfach vollkommen zufrieden mit dir selbst bist. Das ist auch völlig okay!

Wie würdest du deine vierte Reisestation mit drei Worten zusammenfassen?

Was sind deine größten Aha-Momente, neue Erkenntnisse, Impulse oder Ideen zur weiteren Entwicklung? Welche Möglichkeiten warten auf dich?

Wo willst du noch wachsen? Wo darfst du etwas ändern? Oder wo ist bereits schon alles so, wie du es haben willst?

Nimm deine Ideen auch in dein Lernbacklog auf, sodass du deine Vorhaben in einer geordneten Liste hast, die du in Zukunft pflegen, weiter spezifizieren und priorisieren kannst.

Denke nun kurz über deine Stärken und Besonderheiten nach, die du in der vierten Reisestation entdeckt hast: Welche drei Schätze trägst du bereits in dir?

1.
2.
3.

Und jetzt ganz allgemein: Was sind deine drei wichtigsten Erkenntnisse aus der vierten Reisestation, die du nicht vergessen willst. Notiere diese hier:

1.
2.
3.

Lass uns nun mit all deinen neuen Erkenntnissen und Ahas in den Transferteil des Arbeitsbuchs starten. Bleib dran!

Schon beim Aufschreiben und Reflektieren unserer Gedanken und Learnings kann ganz viel Klarheit und Neues entstehen. Nimm dir auch noch mal Zeit, dir persönlich Danke zu sagen, dass du gerade dieses Selbstcoaching machst, dich persönlich reflektierst und besser kennenlernst!

DEINE PERSÖNLICHEN LERNERFOLGE

Bei der letzten Reisestation hast du dich intensiv mit dem Thema Teams und Menschen beschäftigt. Nimm dir nun Zeit, um die Agile Reise noch einmal über alle Reisestationen hinweg Revue passieren zu lassen. Denn Fragen stellen und reflektieren sowie Erkenntnisse sammeln reichen alleine nicht aus. Oft ist es so, dass wir schnell wieder in alte Muster und Routinen verfallen. Irgendwann stellen wir dann fest: »Oh, schon wieder ein Jahr rum, und ich habe mich und meine Ziele völlig aus den Augen verloren.« Schade, oder?

Nach der Reflexion dürfen echte Taten folgen. Ganz nach dem Motto: Einfach mal machen, es könnte ja gut werden! Denn du wirst deine Art zu coachen und deine Vorhaben nicht verändern, ohne dein Handeln selbst zu verändern. Wenn du immer das Gleiche tust, wirst du wahrscheinlich auch die gleichen Ergebnisse wie sonst erzielen. Wenn du den neuen Erkenntnissen folgen willst, dann reicht es nicht, nur die Agile Reise durchzuarbeiten und danach weiterzumachen wie bisher.

Deshalb schließen wir die Agile Reise mit einem speziellen Lerntransfer ab, bei dem du all deine Aha-Momente sammeln kannst, um deine Zukunft proaktiv zu gestalten.

Du widmest dich bei deiner Transfer-Reisestation folgenden Fragestellungen:

- Wer warst du vor der Agilen Reise? Wer bist du jetzt?
- Was hast du über dich gelernt?
- Welche Erkenntnisse hast du über deine Arbeit gewonnen?
- Wo bist du fit oder fitter geworden?
- Was darf in der Zukunft noch entstehen?
- Wie steht es um dein Wunder?
- Wie stellst du sicher, dass du deine Vorhaben umsetzt und die gelernten Themen wirklich angehst?

Jetzt, in diesem Moment, geht deine Reise erst richtig los. Handle täglich so, dass es dich deinen neuen Vorhaben näherbringt: Denn alles, was du heute tust, wird sich auf deine Zukunft, Arbeitsweise und auf deine Rolle auswirken!

TIPP

Schnapp dir für den Lerntransfer deinen Lernbuddy und macht gemeinsam die Lerntransfer-Übungen. Gebt euch gegenseitig Feedback, zeigt euch eure Lernerfolge und Vorhaben auf. Vielleicht wollt ihr ja auch gemeinsam überlegen, wie ihr euch bei eurem Lerntransfer und zukünftigen Vorhaben gegenseitig unterstützt, beispielsweise in Form von Feedback, gemeinsamen Reflexionsrunden oder Lernkreisen. Nutzt eure Lernbacklogs. Ihr könnt euch diese gegenseitig vorstellen und aufzeigen, was ihr als Nächstes angehen werdet. Ich bin mir sicher, dass dein Lernbuddy oder dein Lernkreis dir noch einige Tipps mit auf den Weg gibt.

Ich wünsche dir auf jeden Fall für deine weitere Reise, dass du dich immer an deine Erkenntnisse und Entdeckungen erinnerst und so Agilität – und alles, was sonst noch dazu gehört – in unserer Arbeitswelt förderst!

Deine Janna

„SEI DU SELBST
DIE VERÄNDERUNG,
DIE DU DIR WÜNSCHST
FÜR DIESE WELT.“

MAHATMA GANDHI

TRANSFER 1: FEIERE DICH SELBST!

Ich habe oft Seminare, Meet-ups oder auch Kurse für meine persönliche Agile Reise besucht und war hinterher Feuer und Flamme, die Dinge umzusetzen. Doch dann hat mich der Alltag oft schnell wieder eingeholt, und ich habe alles einfach oft wie vorher weitergemacht. Das Gelernte? War schnell wieder vergessen. Häufig fallen wir aufgrund unserer Gewohnheiten in alte Muster zurück. Und wie es so mit den Gewohnheiten ist, laufen diese meistens unbewusst ab. Genau aus diesem Grund sollten wir achtsam durch unseren Alltag gehen.

Nimm deshalb in dieser ersten Übung deines Lerntransfers bewusst wahr, was du durch deine Agile Reise erreicht hast, und erkenne dich und deine Arbeit in den letzten Wochen dafür an. Wohoooo! Du hast alle Reisestationen durchlaufen und startest jetzt in die Transfer-Reisestation, um deine Lernerfolge zu reflektieren und deine künftigen Vorhaben im Alltag gezielt umzusetzen.

Doch vorher: Lass uns deine Erfolge so richtig feiern und bewusst wahrnehmen, was du alles geschafft hast!

Worauf bist du so richtig stolz?

Woran möchtest du dich jeden Tag erinnern?

Was kannst du heute tun, um dich so richtig zu feiern?

Wie wirst du deine Lern- und Umsetzungserfolge künftig feiern?

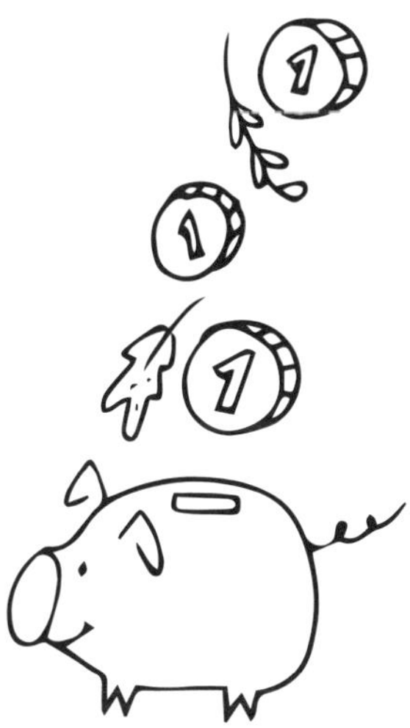

TRANSFER 2: BLICK IN DIE VERGANGENHEIT, IN DAS JETZT UND IN DIE ZUKUNFT

Erinnere dich, wie du dieses Arbeitsbuch zum ersten Mal in deiner Hand gehalten hast. Wie hat es sich angefühlt? Was hast du alles für dich entdeckt? Was hast du vielleicht noch nicht gewusst? Erinnere dich zurück, wer und wie du damals als Agile Coach warst. Nun reflektieren wir basierend auf der Theory U. Blicke einmal in die Vergangenheit, ins Jetzt und in die Zukunft.

Du möchtest mehr über die Theory U erfahren? Dann kann ich dir das Buch »Presence« von Senge, Scharmer, Jaworski und Flowers empfehlen:

`https://tinyurl.com/presence-change`

Blick in die Vergangenheit: Vor der Agilen Reise

Wie habe ich mich vor der Agilen Reise gefühlt?

Was war bereits alles da?

Was war vielleicht schwierig für mich?

Blick ins Jetzt: Während der Agilen Reise

Wie fühlt sich das Jetzt an?

Blick in die Zukunft: Nach der Agilen Reise

Was kann entstehen mit Blick auf deine weitere Agile Reise?

Worauf hast du besonders Lust? Wo willst du aktiv werden?

Was bringt dich persönlich weiter?

Wrap up:

Was brauchst du noch, um die Zukunft zu gestalten?

Wo siehst du dich schon wachsen?

Angenommen, du startest ein Projekt für dein Wachstum in der Zukunft, welche drei praktischen Schritte würdest du in den nächsten Tagen machen, um dieses Projekt anzugehen?

1.

2.

3.

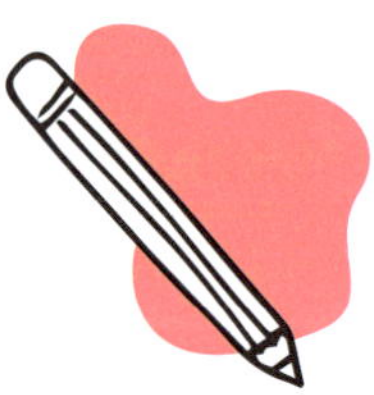

Kannst du einige Ideen und Vorhaben vielleicht schon direkt in dein Lernbacklog aufnehmen? Was wäre das Motto für dieses Projekt? Wie würdest du dieses Projekt nennen? Wer kann dir helfen, deine Zukunftsmöglichkeiten zu verwirklichen?

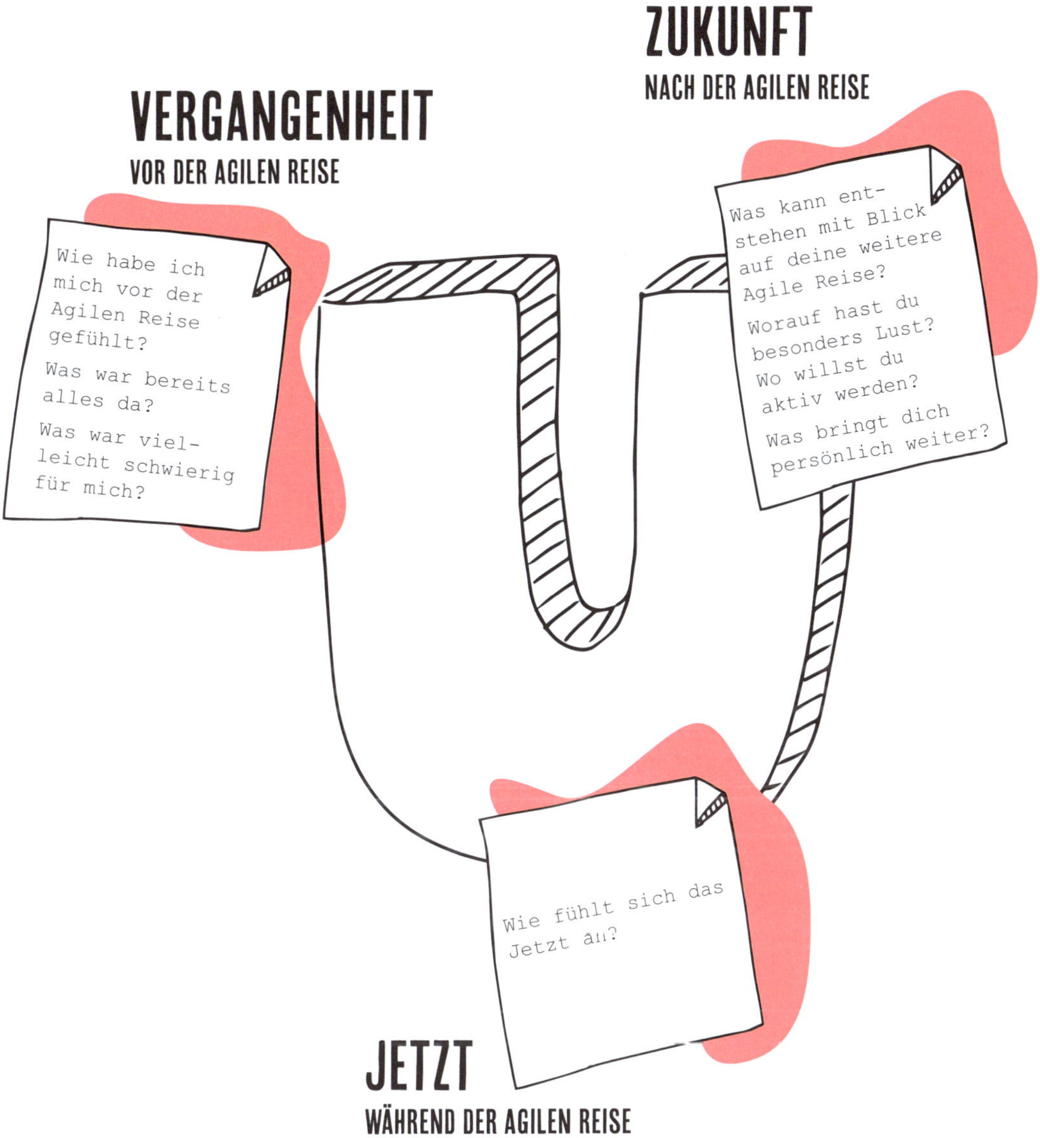

Dieses U darf weitergelebt werden. Reflektiere, erweitere und befülle es immer wieder!

TRANSFER 3: REFLEKTIERE DEINE WERTVOLLSTEN ERKENNTNISSE DURCH DIE AGILE REISE

Fasse in dieser Übung deine wertvollsten Erkenntnisse aus der Agilen Reise zusammen. So kannst du dich an das Gelernte erinnern, wenn du im Arbeitsalltag mal eine kleine Inspiration brauchst.

Reisestation 1: Dein Kompass für Agiles Arbeiten

Reisestation 2: Dein Reiseabenteuer zur Selbstorganisation

Reisestation 3: Deine Reise zur eigenen Identität als Coach

Reisestation 4: Agile Teams aufbauen

Ein wichtiger Schritt für den Lerntransfer ist, dass du dir wirklich bewusst machst, was du verändern und erreichen möchtest. Reflektiere daher die folgenden Fragen:

Was sind die drei wichtigsten Dinge aus der Agilen Reise, die du für dich umsetzen, verändern oder ausprobieren möchtest?

Nimm diese Dinge am besten gleich in dein Lernbacklog auf!

Wenn du in den nächsten drei Monaten einen prototypischen Mikrokosmos der Zukunft nach der Agilen Reise schaffen würdest, wie würde dieser aussehen?

Es müssen nicht immer gleich Vorhaben sein, die so groß sind, dass du gar nicht weißt, wo du anfangen sollst. Manchmal liegen die Dinge, die uns gezielt und kontinuierlich weiterbringen, direkt vor unseren Füßen. Starte klein. Ein Vorhaben könnte sein, dass du dir nach einem Meeting, das du moderiert hast, Feedback einholst. Oder du führst gemeinsam mit deinem Team den Return on Invested Time ein, um so jedes Meeting zu validieren und zu schauen, wie ihr diese noch passender und effizienter gestalten könnt.

TRANSFER 4: DENKE AN DEIN WUNDER

Inwiefern bist du deinem Wunder durch die Agile Reise ein Stück nähergekommen?

Woran machst du dieses Näherkommen fest?

Welche Ressourcen haben dir dabei geholfen?

Wo stehst du heute mit Blick auf dein Wunder?

Welche Veränderungen sind momentan spürbar?

TRANSFER 5: REFLEKTIERE DEINE EXPERIMENTE

Ein elementarer Schritt für deinen Lerntransfer ist, dass du so konkret wie möglich weißt, was du verändern und erreichen möchtest. Beantworte daher die Frage:

Was sind die drei wichtigsten Experimente aus der Agilen Reise, die du umsetzen möchtest?

1. ....

2. ....

3. ....

Wenn du bereits Experimente umgesetzt hast:

Was möchtest du bei der Umsetzung von Experimenten bewahren?

Worauf möchtest du in Zukunft bei der Umsetzung von Experimenten achten?

Was kannst du hierfür tun, um dies wirklich sicherzustellen?

TRANSFER 6: ERSCHAFFE DIR DEINE REFLEXIONS-ROUTINEN

In den letzten Wochen hast du regelmäßig mithilfe der Agilen Reise reflektiert. Nun ist es an der Zeit, dass du dir auch unabhängig von der Agilen Reise einen Rahmen schaffst, in dem du so wachsen kannst, wie du willst, und dich wohlfühlst. Überlege dafür, welche Routinen dich täglich dabei unterstützen, deine Wünsche, Erkenntnisse und Lernerfolge im Alltag umzusetzen.

Was hat dir während der Agilen Reise gutgetan, was du weiterhin in deinem Alltag integrieren möchtest?

Wie gestaltest du zukünftig deine Reflexions-Routinen?

Wie stellst du sicher, dass du die gelernten Themen im Alltag umsetzt und auch wirklich nutzt?

Wie lauten hierbei deine Lernprinzipien? Zum Beispiel: »Ich bin mit Leidenschaft dabei« oder »Ich bleibe am Ball und setze auf Feedback« oder »Daily Experiment: Jeden Tag kleine Schritte«.

Welche Dinge wirst du im Blick behalten, sodass sie deinen Lernerfolg nicht behindern?

Ich erstelle mir oft ein Vision-Board für unterschiedliche Bereiche, in denen ich mich weiterentwickeln möchte, oder die deutlich machen, was ich erreichen will. Das Board hänge ich in mein Büro und reflektiere regelmäßig, wo ich mich gerade befinde. Meine Lerntransfer-Prinzipien lauten hierbei »Stetiges Lernen und Wachstum«, »Daily Experiment« und »Kontinuität«. Wichtig ist, dass du jetzt anfängst und nicht denkst, dass du noch eine Ausbildung oder ein Zertifikat brauchst. Du hast alles, was du brauchst, und musst einfach loslegen!

Im nächsten Kapitel werde ich dir noch meine persönlichen Reisetipps für ein kontinuierliches Wachstum mitgeben und aufzeigen, was du alles tun kannst, um dranzubleiben.

MEINE TOP 5 REISETIPPS

In dir steckt so viel Potenzial! Spürst du es? Du hast jeden Tag die Wahl und die Möglichkeit, etwas zu verändern. An dieser Stelle deiner Reise möchte ich dich deshalb ermutigen, dass du Zeit in dich selbst und dein Lernen investierst. Zudem möchte ich dich darauf hinweisen, dass du bei all den Anforderungen als Agile Coach auf dich achtgibst. Als Agile Coach beschäftigst du dich ständig mit Veränderungen, begleitest und treibst sie oft voran. Aus diesem Grund ist es wichtig, dass du selbst offen für Veränderungen bist [14]. Sei dir deshalb bewusst, dass du Zeit brauchst, um deine Arbeit und Erfahrungen zu reflektieren. Nur so lernst du auch wirklich daraus. Sei dir auch bewusst, dass Veränderung keine einmalige Sache ist: Sie erfordert Kontinuität. Deshalb gebe ich dir abschließend noch fünf Tipps für dein kontinuierliches Wachstum mit auf die weitere Reise. Ich führe mir diese oft selbst vor Augen und versuche, mich an die Ratschläge zu halten und zu erinnern. Vielleicht inspirieren sie dich auch?

TIPP 1: SEI DU SELBST DIE VERÄNDERUNG UND WERDE ZUM VORBILD

Bitte merke dir eins: Bei Persönlichkeitswachstum geht es nicht um Persönlichkeitsoptimierung, im Sinne von höher, schneller, weiter. Sondern darum, dass du deinen authentischen Weg, deine Berufung und deine Einzigartigkeit auslebst. Anstatt nach Verbesserung von Oberflächlichkeiten zu streben, ist es wichtig, dass du deine Intuition entdeckst und herausfindest, warum du wirklich den Job machst, deine Stärken erkennst und in deine volle Schöpferkraft kommst. Meiner Meinung nach kannst du so dein volles Potenzial in Bezug auf agiles Arbeiten ausleben. Wie schade wäre es, wenn Organisationen und Teams nicht davon profitieren? Wieso also nicht einfach deine eigene Persönlichkeit, deine Ideen und Ansätze voll und ganz einbringen? Persönlichkeitsentwicklung bedeutet für mich, sich auf diese innere Reise zu sich selbst zu begeben und selbst zum Vorbild zu werden für das, was du wirklich in der Arbeitswelt sehen willst. Dafür ist es natürlich hilfreich, zu wissen, was du in der agilen Welt sehen möchtest, wo du dich gerade befindest und wie du selbst gerade unterwegs bist und was du ausprobieren könntest, um dort hinzukommen. Hierfür brauchen wir viel Bewusstsein und Achtsamkeit dafür und Selbstreflexion darüber, was wir wirklich kreieren wollen.

> »PERSÖNLICHKEIT ENTWICKELN HEISST, RELATIV OFT EIN BEISPIEL SEIN FÜR DAS, WAS WIR SEIN KÖNNTEN ... UND DAS GENÜGT.«
>
> DR. PHIL BERND SCHMID

TIPP 2: NICHT NUR INSPIRATION – FANG AN, ZU EXPERIMENTIEREN!

Ich höre leider immer wieder Menschen sagen, sie brauchen noch diese Zertifizierung oder jene Schulung. Dann rennen sie von einem Training zum anderen, lesen ein Buch nach dem anderen oder hören Podcasts in der Dauerschleife. Alles schön und gut, aber was wirklich traurig ist, ist, dass sie nichts von all dem in ihren Arbeitsalltag integrieren und immer noch denken, dass sie nicht gut genug sind! Merk dir bitte eins:

> »VERSUCHE NICHT PERFEKT ZU SEIN, DENN DU BIST ES SCHON.«
> IMMANUEL KANT

Jedoch möchte ich nicht, dass du dich durch dieses Arbeitsbuch nur inspirieren lässt, sondern dass du wirklich etwas draus machst. Versuche deshalb wirklich, in deine Entwicklung zu gehen, etwas Neues zu lernen und selbst in deine Vorhaben und deren Umsetzungen zu investieren. Du musst nicht gleich riesige Berge besteigen. Manchmal reichen kleine Schritte. Hauptsache du gehst diese auch. Setze die Dinge um! Mit der Zeit wirst du lernen, realistisch einzuschätzen, wie viel du zeitlich umsetzen kannst. Bitte verstehe mich nicht falsch. Bücher lesen, Meet-ups und Konferenzen besuchen, Podcast hören, Journals ausfüllen und Trainings besuchen; all das hat seine Berechtigung. Jedoch wirst du nur davon profitieren, wenn du dein Wissen wirklich anwendest.

TIPP 3: SUCHE DIR GLEICHGESINNTE UND MENTOR*INNEN

Hast du schon mal vom 5-Menschen-Prinzip gehört? Der erfolgreiche Unternehmer und Motivationstrainer Jim Rohn stellte folgende Hypothese auf: »Du bist der Durchschnitt der fünf Menschen, mit denen du die meiste Zeit verbringst.«

Laut Rohn bestimmt also dein Umfeld, wer du im Leben bist. Persönlich glaube ich, dass viel an diesem Ansatz dran ist. Gerade, wenn ich die Hypothese auf Arbeitsumfelder, Organisationen oder Teams beziehe. Mach dir deshalb an dieser Stelle ganz genau bewusst, mit wem du beruflich viel Zeit verbringst. Mein Tipp ist an dieser Stelle, dass du dir Gleichgesinnte und Mentor*innen suchst, die ein Vorbild für dich sind, von denen du viel lernen willst, die dich persönlich bei all deinen Vorhaben und Entwicklungszielen unterstützen! Oder die sogar gemeinsam mit dir auf eine Lernreise gehen.

Was ich sagen will, ist: Beweg dich nicht in einem Umfeld von Menschen, die nicht an dich, deine Ideen und Vorhaben glauben. Mach dir bewusst, dass Menschen, mit denen du viel Zeit verbringst, auf dich abfärben. Genauso färbst auch du auf sie ab! Das ist für unseren Job, mit dem wir Veränderungen erzielen wollen, zwar super, aber suche dir deshalb für dein Wachstum Menschen, die dir ähnlich sind. Du wirst sehen, dass Gleichgesinnte und Mentor*innen dich vor einigen Fehlern bewahren, dir zeigen können, wie es vielleicht anders geht, oder auch einfach nur Ideen und Gedanken mit dir teilen. Alleine schaffen wir wirklich viel, und ich bin zu 100 Prozent davon überzeugt, dass die Ressourcen in uns selbst liegen, um Herausforderungen zu lösen und Lernziele zu erreichen. Jedoch können andere Menschen uns unterstützen. Vielleicht sind sie selbst schon den Weg gegangen? Teilen gerne ihre Erfahrungen, Tricks und Tipps? Vielleicht freut es sie sogar, dir einige Abkürzungen basierend auf ihrem Erfahrungsschatz zu zeigen? Oder einfach nur Infos und Wissen mit dir zu teilen? Trau dich, zu fragen und deine Ideen, Gedanken und Herausforderungen zu thematisieren. Du wirst sehen, wie es dich weiterbringt. Genauso ist es mit der Agilen Reise gewesen. Denn hätte ich meine Ideen nicht geteilt und thematisiert, hätte ich dir niemals so ein Set an Reflexionsfragen mitgeben können, die dich persönlich weiterbringen.

»DIE GEGENWART IST DER GRÖSSTE BAUSTEIN DER ZUKUNFT.«
MICHAEL GAEDING

TIPP 4: SEI MUTIG UND TRAU DICH: BLEIB IN DEINER LERNZONE!

Wahrscheinlich ist die Komfortzone gar kein Thema mehr für dich. Immerhin hast du die Agile Reise durchgearbeitet und dich in diesem Zeitraum meinen vielen Fragen gestellt. Du hast intensiv an dir gearbeitet, viele Erkenntnisse gewonnen und bist bereits in die Umsetzung gegangen. Wahrscheinlich war das auch nicht immer komfortabel. Deshalb möchte ich dir Mut machen, dass du diese Reise fortsetzt. Denn »Das Leben ist eine große Leinwand, bemale sie so bunt du kannst«, wie Danny Kaye einmal sagte. Und sind wir mal ganz ehrlich mit uns selbst: Unser größtes Wachstumspotenzial liegt nun mal außerhalb unserer Komfortzone!

Ich habe schon oft meine Komfortzone verlassen. Eins aber kann ich dir versprechen. Situationen auszuhalten, in denen ich gezittert habe, Fehler gemacht habe, etwas komplett Neues ausprobiert habe oder nicht so gut einschätzen konnte, haben mich bisher immer weitergebracht. Oft blicke ich heute sogar mit einem Lächeln zurück, erinnere mich gerne an diese Situationen und erzähle ganz offen davon. Ich habe mir bewusst gemacht, dass ich in mich selbst und mein Können vertrauen darf – auch wenn ich mal einen Fehler mache. Sei mutig und trau dich: Mach Dinge, die dich fordern, die dich Mut kosten und vielleicht sogar unter Druck setzen! Du wirst sehen, irgendwann gehen dir auch solche Dinge leicht von der Hand.

Hier solltest du natürlich in der Lernzone bleiben und nicht in die Panikzone rutschen!

TIPP 5: BLEIBE DRAN!

Damit du weiter reflektieren kannst, habe ich dir hier eine Liste mit vielen weiteren Fragen zusammengestellt, die du auf meiner Webseite findest. Fragen zu den Stichpunkten: Produktivität des Teams steigern, Lernen, Moderation, Aufgaben mit dem Product Owner, Organisator*in, Vision und Ziele, Teambuilding, Aufgaben mit dem Entwicklungsteam, Beschützer*in, Kulturentwicklung, Impedimentbeseitiger*in, Controller*in, Mediator*in, Netzwerker*in, Change Agent, Kommunikator*in, Leadership und Coaching.

Insgesamt ist die persönliche Weiterentwicklung ein kontinuierlicher und lebenslanger Prozess. Deshalb ist Dranbleiben ein Schlüsselwort: Denn oft ist es schwierig, neue Gewohnheiten zu etablieren oder alte zu ändern und das neu Gelernte wirklich umzusetzen. Es erfordert oft Zeit, Geduld, Engagement und Ausdauer, um Fortschritte zu erzielen und sein volles Potenzial zu entfalten.

Solltest du auf der Suche nach zusätzlichen Möglichkeiten sein, um persönlich nach der Agilen Reise weiter zu wachsen und dranzubleiben, empfehle ich dir, den QR-Code zu scannen. Dort findest du eine Liste mit Tipps und Anregungen für deine persönliche Weiterentwicklung:

https://deine-agile-reise.de/weiterentwicklung/

Deine Janna

„LOVE IT,
CHANGE IT OR
LEAVE IT!"

WIR WACHSEN GEMEINSAM!

Am Anfang dieses Buchs habe ich dir versprochen, dass du durch das Selbstcoaching viele neue Erkenntnisse für dein persönliches Wachstum gewinnen wirst. Mich macht es unglaublich glücklich, wenn ich daran denke, wie dich dieses Arbeitsbuch inspiriert hat und du somit Neues über dich und deine Arbeit entdecken konntest. Außerdem möchte ich noch einmal hervorheben, dass du stolz auf dich sein kannst, dass du dich auf deine Agile Reise eingelassen hast und diesen Weg gegangen bist: Denn was gibt es Wertvolleres, als uns selbst richtig gut zu kennen?

Mach dir bitte bewusst, dass das, was du hier alles über dich entdeckt hast und wie du dich und deine Arbeit durch die 99 Tage der Agilen Reise reflektiert hast, keine Selbstverständlichkeit ist. Dass ich dich dabei begleiten durfte, freut mich besonders! Ich wünschte, ich könnte dich eines Tages persönlich treffen, um zu hören, welche Erkenntnisse du auf deiner Agilen Reise entdeckt und was du danach bei deiner Arbeit alles umgesetzt und ausprobiert hast. Mich interessiert es auch brennend, wie deine Agile Reise in der Zukunft weitergeht. Falls es mit dem Treffen nichts wird, findest du ein paar Seiten weiter meine Kontaktmöglichkeiten. Wenn du mir eine Freude machen willst, schreibe mir gerne ein paar Zeilen, ob dir die Agile Reise gefallen und wie sie deine Arbeit beeinflusst hat. Deine Reise-Highlights und Learnings zu hören, ist für mich sehr wertvoll. Denn – ich habe es dir bereits verraten – ich liebe es, gemeinsam zu wachsen und zu Neuem zu bewegen!

Danke, dass du davon ein wichtiger Teil bist.

TEILE DEINE REISE-HIGHLIGHTS MIT MIR!

HIGHLIGHT

Ich freue mich darauf, von dir zu hören und dich schon bald persönlich kennenzulernen – wenn du magst, dann gerne in einem meiner Coachings, Trainings, Kurse, Podcasts oder bei Konferenzen oder Meet-ups.

Bis dahin wünsche ich dir von ganzem Herzen viele neue Erkenntnisse und alles Gute!

Deine Janna

WEBSEITE: *www.deine-agile-reise.de*

LINKEDIN: *www.linkedin.com/in/janna-wurdig*

INSTAGRAM: *@deine_agile_reise*

EIN RIESIGES DANKESCHÖN

Dieses Arbeitsbuch wäre natürlich nicht durch die Unterstützungen, Ermutigungen und professionellen Impulse von den richtigen Menschen in meinem Leben entstanden. An dieser Stelle freue ich mich ganz besonders, ein riesiges Dankeschön an genau diese Menschen zu richten!

Ein herzliches Dankeschön an Deborah Weber, Frank Düsterbeck, Nele Kreyßig, Kirsten Wilk, Frederick Meseck, Miriam Sasse und Stefan Müller. Ihrem Feedback ist es zu verdanken, dass dieses Arbeitsbuch kritisch hinterfragt und mit all seinen Reflexionsübungen auf den Prüfstand gestellt wurde. Wie schön ist es, dass sich Menschen aus der agilen Community hierbei unterstützen, auf Feedback setzen und dieses Werk gemeinsam noch besser gemacht haben. Einfach nur genial, oder?

Ein großes Danke möchte ich an dieser Stelle auch Stefanie Schönig schenken. Ihr haben wir zu verdanken, dass die Agile Reise dieses professionelle Outfit mit all den ansprechenden Grafiken und Illustrationen erhalten hat.

Für das professionelle Lektorat möchte ich mich bei Melanie Andrisek vom dpunkt.verlag bedanken. Ihre Kommentare, Ideen und ihr Feedback waren nicht nur sehr wertvoll, sondern haben mich oft während des Schreibens der Agilen Reise zum Schmunzeln gebracht.

Abschließend möchte ich mich noch bei meinem Mann Matthias und meiner Mutter bedanken. Ohne die regelmäßige Betreuung unseres kleinen Sohnes hätte ich dieses Arbeitsbuch sicher nicht fertigstellen können.

Und zuletzt bedanke ich mich bei dir, dass du die Agile Reise gekauft hast. Denn mit dem Kauf dieses Arbeitsbuchs unterstützt du die Babyhilfe CariEcke in Rheinstetten/Mörsch. Ein Teil meines Autorinnenhonorars kommt dieser Initiative zugute. Da ich erst kürzlich einen Sohn bekommen habe, weiß ich, wie viel Zeit und Geld es kostet, Babykleidung und allerlei Zubehör zu kaufen und zu verkaufen. Deshalb unterstütze ich dieses Projekt sehr gerne. Auch weiß ich von meiner Mutter, die die CariEcke als Sozialarbeiterin betreut, dass sich die ehrenamtlichen Helfer*innen bei der Ausgabe von Baby- und Kleinkindausstattung und der Gestaltung der CariEcke besonders viel Mühe geben.

„WOHIN DU
AUCH GEHST,
GEH MIT DEINEM
GANZEN HERZEN."

KONFUZIUS

QUELLENVERZEICHNIS

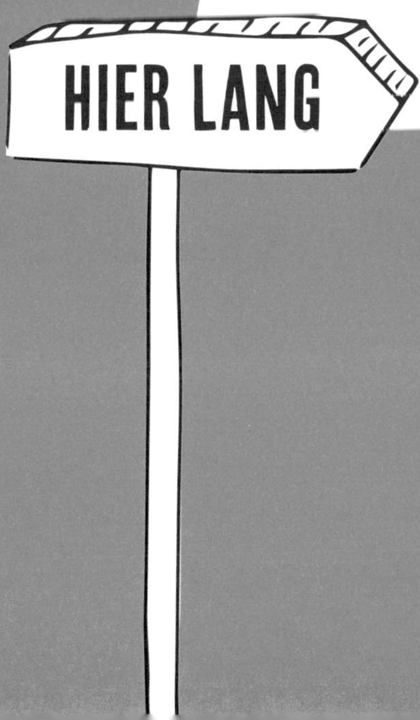

[1] G. Schaw, Die zahlreichen Vorteile von hochwertiger Selbstreflexion. Promoting general metacognitive awareness, Instructional Science, 1998.

[2] R. van Solingen, Agile, dpunkt.verlag, 2020.

[3] A. Kratzer, Übungsplatz Wunderfrage, *https://www.psychologie-heute.de/leben/artikel-detailansicht/41851-uebungsplatz-wunderfrage.html*, 2022.

[4] T. T. F. Show, Naval Ravikant on Happiness Hacks and the 5 Chimps Theory, *https://tim.blog/2016/01/30/naval-ravikant-on-happiness-hacks/*, 2018.

[5] D. Lama, The art of happiness: A handbook for living, Hodder Paperbacks, 2009.

[6] Agile Manifesto, *https://agilemanifesto.org/*, 2001.

[7] J. Hoffmann, S. Roock, Agile Unternehmen, dpunkt.verlag, 2018.

[8] Scrum.org, Scrum Guide, *https://www.scrum.org/resources/scrum-guide*, 2020.

[9] S. Kröhn, Sei Vorbild – Kann man das von Führungskräften verlangen?, *https://www.praxisfeld.de/de/blog/articles/sei-vorbild-kann-man-das-von-fuehrungskraeften-verlangen*, 2022.

[10] B. Gloger, Der agile Baum als Orientierungshilfe im Dschungel der agilen Begrifflichkeiten, *https://www.borisgloger.com/blog/2019/05/15/der-agile-baum-als-orientierungshilfe-im-dschungel-der-agilen-begrifflichkeiten*, 2019.

[11] S. Sinek, The Golden Circle, *https://www.youtube.com/watch?v=fMOlfsR7SMQ*, 2009.

[12] R. Beris, Science explains how writing down tiny achievements every day changes our brains, *https://www.lifehack.org/398112/science-explains-how-writing-down-tiny-achievements-every-day-changes-our-brains.*

[13] D. Pink, Die überraschende Wissenschaft der Motivation, *https://www.youtube.com/watch?v=rrkrvAUbU9Y*, 2009.

[14] R. Davies, L. Sedley, Agile Coaching, Taschenbuch, mitp Verlag, 2010.

[15] J. Stepper, Working Out Loud: Wie Sie Ihre Selbstwirksamkeit stärken und Ihre Karriere und Ihr Leben nach eigenen Vorstellungen gestalten, Verlag Vahlen, 2020.

[16] B. W. Tuckman, Developmental sequences in small groups, Psychological Bulletin, 1965.

[17] B. Furman, T. Ahola, Twin Star – Lösungen vom anderen Stern: Teamentwicklung für mehr Erfolg und Zufriedenheit am Arbeitsplatz, Carl-Auer Verlag, 2017.

[18] E. Times, Lack of recognition hinders employee productivity, *https://economictimes.indiatimes.com/jobs/lack-of-recognition-hinders-employee-productivity/articleshow/12620814.cms*, 2012.